Sidi Mohammed Chabane Sari

Rappels de cours et exercices corrigés de chimie générale Volume I

Sidi Mohammed Chabane Sari

# Rappels de cours et exercices corrigés de chimie générale Volume I

Éditions universitaires européennes

**Impressum / Mentions légales**
Bibliografische Information der Deutschen Nationalbibliothek: Die Deutsche Nationalbibliothek verzeichnet diese Publikation in der Deutschen Nationalbibliografie; detaillierte bibliografische Daten sind im Internet über http://dnb.d-nb.de abrufbar.
Alle in diesem Buch genannten Marken und Produktnamen unterliegen warenzeichen-, marken- oder patentrechtlichem Schutz bzw. sind Warenzeichen oder eingetragene Warenzeichen der jeweiligen Inhaber. Die Wiedergabe von Marken, Produktnamen, Gebrauchsnamen, Handelsnamen, Warenbezeichnungen u.s.w. in diesem Werk berechtigt auch ohne besondere Kennzeichnung nicht zu der Annahme, dass solche Namen im Sinne der Warenzeichen- und Markenschutzgesetzgebung als frei zu betrachten wären und daher von jedermann benutzt werden dürften.

Information bibliographique publiée par la Deutsche Nationalbibliothek: La Deutsche Nationalbibliothek inscrit cette publication à la Deutsche Nationalbibliografie; des données bibliographiques détaillées sont disponibles sur internet à l'adresse http://dnb.d-nb.de.
Toutes marques et noms de produits mentionnés dans ce livre demeurent sous la protection des marques, des marques déposées et des brevets, et sont des marques ou des marques déposées de leurs détenteurs respectifs. L'utilisation des marques, noms de produits, noms communs, noms commerciaux, descriptions de produits, etc, même sans qu'ils soient mentionnés de façon particulière dans ce livre ne signifie en aucune façon que ces noms peuvent être utilisés sans restriction à l'égard de la législation pour la protection des marques et des marques déposées et pourraient donc être utilisés par quiconque.

Coverbild / Photo de couverture: www.ingimage.com

Verlag / Editeur:
Éditions universitaires européennes
ist ein Imprint der / est une marque déposée de
OmniScriptum GmbH & Co. KG
Heinrich-Böcking-Str. 6-8, 66121 Saarbrücken, Deutschland / Allemagne
Email: info@editions-ue.com

Herstellung: siehe letzte Seite /
Impression: voir la dernière page
**ISBN: 978-3-8416-6370-2**

Copyright / Droit d'auteur © 2015 OmniScriptum GmbH & Co. KG
Alle Rechte vorbehalten. / Tous droits réservés. Saarbrücken 2015

# Rappels de cours et exercices corrigés de chimie générale I

S.M. CHABANE SARI

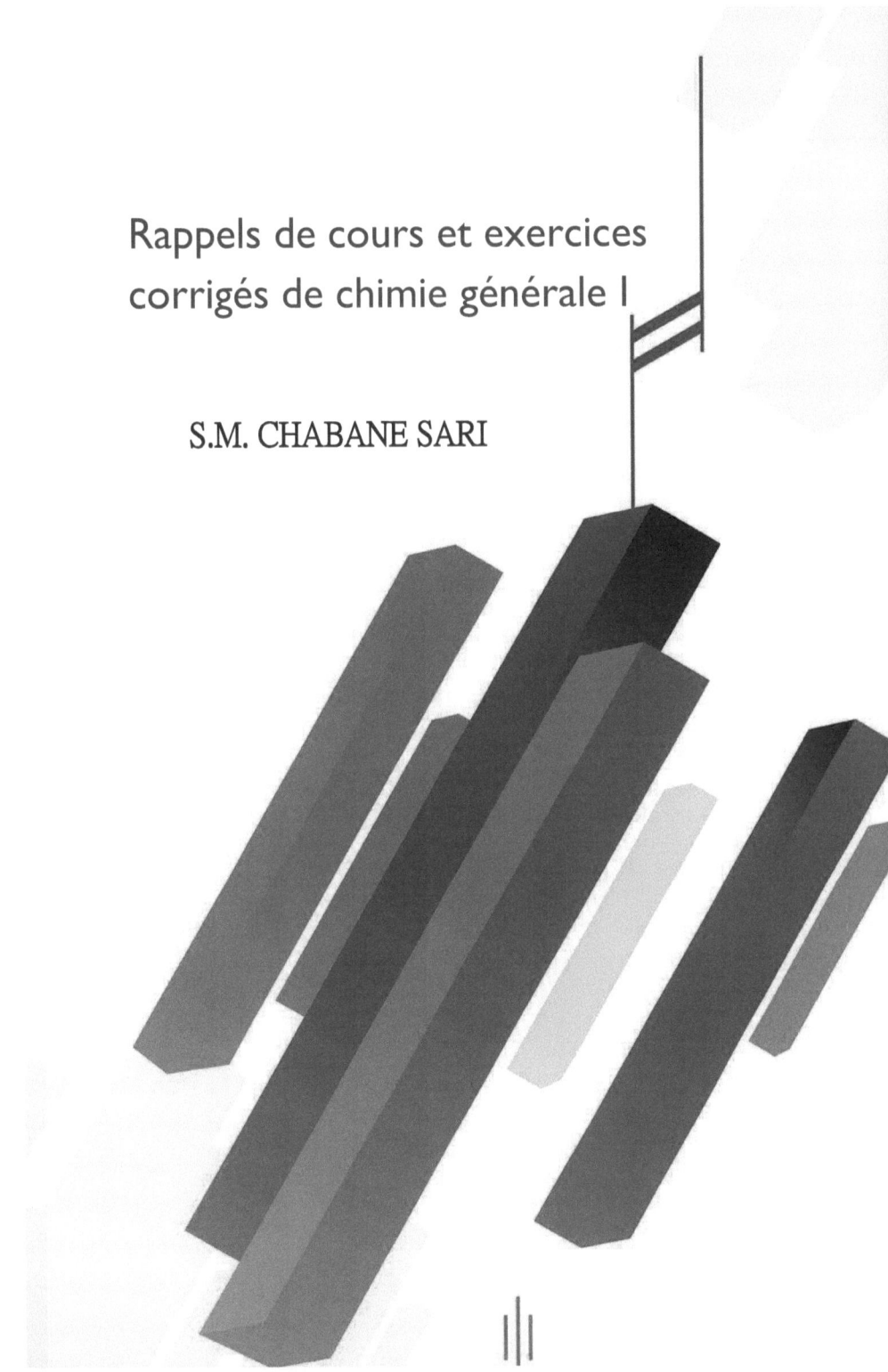

# Préface

Ce polycopié intitulé « Rappels et exercices corrigés de chimie générale I » s'adresse en priorité aux étudiants de première année et particulièrement à la filière « Sciences biologiques ».

L'apprentissage de la chimie générale doit s'accompagner d'un travail sous forme d'exercices permettant aux étudiants de vérifier la bonne assimilation de leurs connaissances, de faire le point sur les notions étudiées et de déterminer les points demandant une révision complémentaire. Dans cet ouvrage comportant neuf chapitres, pour chaque chapitre, nous proposons un bref rappel de Cours suivi par l'énoncé d'exercices avec leurs solutions détaillées et commentées.

S.M. CHABANE SARI

# SOMMAIRE

## Rappels-Exercices-Corrigés

| | |
|---|---|
| **Atomistique-liaison chimique** | 4 |
| **Atome de Bohr** | 14 |
| **Classification périodique des éléments** | 24 |
| **Liaisons chimiques** | 39 |
| **Radioactivité** | 44 |
| **Chimie organique – Nomenclature** | 53 |
| **Stéréochimie** | 71 |
| **Effets électroniques** | 88 |
| **Réactions chimiques** | 95 |

# Rappels : Atomistique-liaison chimique

## La matière :

- Atome = électrons + noyau
- noyau = protons + neutrons
- électron : charge électrique négative ($|e|=1,6.10^{-19}$ C)
- proton : charge électrique positive
- neutron : électriquement neutre.
- Masse de l'électron vaut $9,1.10^{-31}$ kg
- Masse du proton vaut $1,673.10^{-27}$ kg
- Masse du neutron vaut $1,675.10^{-27}$ kg
- $m_n \approx m_p = 1836\, m_e$
- Dimensions d'un atome : $10^{-10}$ m (1 Å)
- Dimensions d'un noyau : $10^{-15}$ m (1 fm)
- Masse d'un atome ≈ masse du noyau
- Un atome est essentiellement vide
- nombre de charge = Z (proton)
- nombre de masse = A (nucléon)
- un élément chimique (X) est complètement défini par Z, le numéro atomique.
- $^A_Z X$ ou $^A X^q$
- Ions q ≠ 0. Nb électrons E = Z − q
- Isotopes : même Z
- Isobares : même A
- Isotones : même N

## Le tableau périodique :

- Période = ligne ; Famille = colonne. Les propriétés périodiques ⇒ structure en couche.
- nombre d'électrons de valence = numéro de la colonne
- Les gaz rares sont chimiquement inertes : saturation de la couche de valence
($Cl + e^- \rightarrow Cl^-$)

- Notion d'électronégativité ($\chi$), « plus un atome a tendance à attirer les électrons, plus il est électronégatif. » (il cherche à acquérir la structure électronique du gaz rare le plus proche)

- Modèle de Lewis (1915) : « La liaison entre deux atomes provient de la mise en commun de deux électrons de valence. »

a)     paire de liaison :

$$H\cdot + \cdot H \rightarrow H-H \quad , \quad H\cdot\cdot\overset{H}{\underset{H}{C}}\cdot\cdot H \rightarrow H-\overset{H}{\underset{H}{\overset{|}{C}}}-H$$

b)     paire libre :

$$H\cdot\cdot\overset{H}{\underset{H}{N}}: \rightarrow H-\overset{H}{\underset{H}{\overset{|}{N}}}|$$

La structure de Lewis d'une molécule ne donne aucune indication sur sa géométrie spatiale.

c)     Liaison multiple :

$$\overset{H\quad H}{\underset{H\quad H}{C::C}} \rightarrow \overset{H\ H}{\underset{H\ H}{C=C}} \quad , \quad H-C\equiv N|$$

                           éthène        acide cyanhydrique

La liaison est d'autant plus forte que la multiplicité est grande.

| Molécule | $C_2H_6$ | $C_2H_4$ | $C_2H_2$ |
|---|---|---|---|
| Type de liaison (C—C) | Simple | Double | Triple |
| Distance (C—C) (en pm) | 154 | 134 | 120 |
| Energie de liaison (kJ.mol$^{-1}$) | 351 | 623 | 834 |

$$|\overline{N}-\overline{N}| \quad , \quad N\equiv N \quad , \quad |N\equiv N|$$

Faux　　　　　　Faux　　　　Juste

- La règle de l'octet : « la stabilité maximale d'une molécule est obtenue lorsque chaque atome (sauf H ou He) est entouré de quatre paires d'électrons. »
- Exceptions à la règle de l'octet.

Molécules hypovalentes : $BH_3$, $BeH_2$, ...

Molécules hypervalentes : $BrF_5$, $PCl_5$, $CLi_6$, ...

Règle de l'octet étendu pour les métaux de transition (18 électrons) : $ZnCl_4^{2-}$, ...

## Exercices : Atomistique-liaison chimique

**Exercice N°1 :**

On donne les nucléides suivants $^{16}_{8}O$ ; $^{39}_{19}K$ ; $^{40}_{20}Ca$ :

Déterminer le nombre d'électrons, de protons et de neutrons dans les entités suivantes :

a)　　Les ions potassium $K^+$ et $O^{2-}$ ;
b)　　L'atome Ca ;
c)　　L'isotope $^{18}O$.

**Exercice N° 2 :**

Soit l'atome d'hydrogène à l'état fondamental.

- D'après la théorie de Bohr, calculer :
a)　　Le rayon des couches K de l'atome d'hydrogène.

b) L'énergie de cette couche.

- Sous l'action d'une énergie d'excitation extérieure, l'électron est promu au niveau E3 (n=3).

• Calculer la (les) longueur(s) d'onde d'émission crées au cours de son retour à l'état fondamental.

• Représenter ces transitions sur un diagramme énergétique.

On donne :   h= $6,63.10^{-27}$ erg   ;   e= $4,8.10^{-10}$ ues (ESCGS)   ;   $m_e$ = $9,1.10^{-28}$ g ;

c= $2,9979.10^{10}$ cm. $s^{-1}$ ;   K= 1 (CGS).

## Exercice N° 3 :

1) Donner la relation entre la longueur d'onde du spectre d'un hydrogènoïde et les niveaux d'énergie $n_1$ et $n_2$ de la transition électronique correspondante.

2) On considère l'hydrogénoïde $Be^{+3}$ (Z= 4). La raie de plus petite longueur d'onde de son spectre se situe à 57,3Å.

- A quelle transition correspond-elle ?
- Calculer l'énergie correspondante.

3) Calculer la longueur d'onde relative à la même transition dans l'atome d'hydrogène. En déduire son énergie.

On donne : h= $6,62.10^{-34}$ J. s ;   c= $2,9979.10^{10}$ cm.$s^{-1}$   ,   $R_H$= 109678 $cm^{-1}$.

## Exercice N°4 :

Le titane existe dans la nature sous forme d'un mélange de cinq (5) isotopes :

$$^{46}_{22}Ti, \quad ^{47}_{22}Ti, \quad ^{48}_{22}Ti, \quad ^{49}_{22}Ti, \quad ^{50}_{22}Ti$$

Dans les pourcentages respectifs, 7,95%, 7,75%, 73,45%, 5,51% et 5,34%

a-  Calculer la masse moyenne d'un atome de titane.
b-  Donner la composition du noyau de chaque isotope.

**Exercice N°5 :**

Compléter les réactions radioactives suivantes :

$$^{14}_{7}N + \ldots \rightarrow \ ^{17}_{8}O + \ldots \ ^{1}_{1}H$$

$$^{9}_{4}Be + \ ^{4}_{2}He \rightarrow \ ? \ldots + \ ^{1}_{0}n$$

$$^{27}_{13}Al + \ ^{4}_{2}He \rightarrow \ ? \ldots + \ ^{30}_{15}p$$

**Exercice N°6 :**

La première raie de la série de Balmer, dans le spectre d'hydrogène a pour longueur d'onde 6562,8 Å, déduire la valeur de la constante de Rydberg en cm$^{-1}$.

## Corrigé : Atomistique-liaison chimique

**Exercice N°1 :**

Un nucléide est donné par $^{A}_{Z}X$

A : le nombre de masse.

z : le numéro atomique  (z : nombre de protons).

Pour X (neutre) z : nombre d'électrons

A = z + n (n : nombre de neutrons).

a/ L'ion K$^+$ : l'atome K a perdu un électron, pour K nous avons : A= 39, nombre de protons=19, nombre d'électrons =19 et nombre de neutrons n = 39 - 19 = 20.

Pour K$^+$ : nombre de protons = 19 ; nombre d'électrons = 18 et nombre de neutrons n = 20.

b/ L'atome Ca :   A= 40 ;   p = 20   ;   e$^-$ = 20   et   n = 40 -20 = 20.

c/ L'isotope $^{18}$O :  A = 18 ;  p = 8   ;   e$^-$ = 8   et   n = 18 – 8 = 10.

**Exercice N° 2 :**

a/ les couches k de l'atome d'hydrogène correspondent à (n = 1) → état fondamental.

Le rayon est donné par : $r_{(n=1)} = \dfrac{n^2 h^2}{4\pi^2 e^2 m}$

A.N : $r_{(n=1)} = \dfrac{1^2 . 6,63.10^{-27}}{4 . (3,14)^2 (4,8.10^{-10})^2 . 9,1.10^{-28}}$     $r_{(n=1)} = 0,53.10^{-8}$ cm (c.g.s)

Avec  1Å = 10$^{-10}$ m  donc  r = 0.53 Å.

b/ $r = \dfrac{Z e^2}{m v^2}$   ;   $\dfrac{n^2 h^2}{4\pi^2 Z e^2 m}$   $E = -\dfrac{Z e^2}{2 r}$

$E = \dfrac{2\pi^2 m e^4 Z^2}{n^2 h^2}$   ;   $\dfrac{m v^2}{r} = -\dfrac{Z e^2}{r}$

Donc  $E = -\dfrac{Z e^2}{2 r}$   A.N : $E = \dfrac{1 . (4,8.10^{-10})^2}{2 . (0,53.10^{-8})^2} = 21.73 \; 10^{-12}$ erg .

| 1 ev = 1,6 .10$^{-12}$ erg   ;   1 ev = 1,6 .10$^{-19}$ J   ;   1 J = 10$^7$ erg |
|---|

Donc  $E_{(n=1)} = \dfrac{-21,73 . 10^{-12}}{1,6 . 10^{-12}}$    $E_{(n=1)}$ = -13.58 ev  ~ -13.6 ev

Les transitions possibles :

• Pour n = 3 → n = 1 série de Lyman. ($E_{(n=3)} = E_3$).

$\Delta \upsilon = h \dfrac{c}{\lambda} = E_3 - E_1$   avec $E_3 - E_1 = \dfrac{E_1}{3^2} - \dfrac{E_1}{1^2} = \dfrac{E_1}{9} - E_1$   ( $E_n = \dfrac{E_1}{n^2}$ )

$E_3 - E_1 = -1{,}51 + 13{,}6 = 12{,}08$ ev $= 12{.}08 \cdot 1{,}6\ 10^{-19}$ J $= 1{,}93 \cdot 10^{-18}$ J

Donc   $\lambda_{3 \to 1} = \dfrac{h\ c}{E_3 - E_1}$   A.N :   $\lambda_{3 \to 1} = \dfrac{6{,}63 \cdot 10^{-34} \cdot 2{,}99 \cdot 10^8}{1{,}93 \cdot 10^{-18} J}$

$\lambda_{3 \to 1} = 1{,}027 \cdot 10^{-7}$ m.

• Pour n = 3 → n = 2 série de Balmer (avec la même méthode précédente).

$\Delta E_{3 \to 2} = 3{,}0222 \cdot 10^{-19}$ J   et   $\lambda_{3 \to 2} = 6{,}579 \cdot 10^{-7}$ m.

• Pour n = 2 → n = 1 série de Lyman (avec la même méthode précédente).

$\Delta E_{2 \to 1} = 1{,}63 \cdot 10^{-18}$ J   et   $\lambda_{2 \to 1} = 1{,}217 \cdot 10^{-7}$ m.

<u>La représentation :</u>

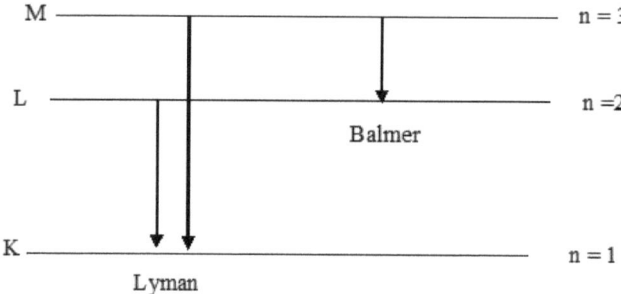

**Exercice N° 3 :**

1) La relation entre $\lambda$ (longueur d'onde) et les niveaux d'énergie pour l'atome d'hydrogène

$$E = -\frac{2\pi^2 m e^4 Z^2}{n^2 h^2} \; ; \; \Delta E = E_2 - E_1 = h\upsilon = \frac{2\pi^2 m e^4 Z^2}{h^2}\left(\frac{1}{n_1^2} - \frac{1}{n_2^2}\right)$$

avec $n_1 < n_2$

$\upsilon$ est la fréquence $\quad \bar{\upsilon} = \frac{\upsilon}{c} = \frac{1}{\lambda} \quad \lambda = \frac{c}{\upsilon}$

$$h\upsilon = h\frac{c}{\lambda} = \frac{2\pi^2 m e^4 Z^2}{n^2 h^2}\left(\frac{1}{n_1^2} - \frac{1}{n_2^2}\right)$$

$$\frac{1}{\lambda} = \frac{2\pi^2 m e^4 Z^2}{h^3 c}\left(\frac{1}{n_1^2} - \frac{1}{n_2^2}\right)$$

$R_H$ = constante de Rydberg, $\quad R_H = \dfrac{2\pi^2 m e^4}{h^3 c}$

$$\frac{1}{\lambda} = R_H \, Z^2 \left(\frac{1}{n_1^2} - \frac{1}{n_2^2}\right)$$

$$\frac{1}{\lambda_{n_2 \to n_1}} = R_H \, Z^2 \left(\frac{1}{n_1^2} - \frac{1}{n_2^2}\right)$$

2) Pour l'hydrogénoïde $Be^{3+}$ (Z=4)

$$\frac{1}{\lambda} = R_H \, Z^2 \left(\frac{1}{n_1^2} - \frac{1}{n_\infty^2}\right) \quad \rightarrow \quad n_1 = \sqrt[2]{R_H \, Z^2 \lambda}$$

Pour un spectre d'émission la transition de $n=\infty \to n=1$ l'énergie correspondante

$$\Delta E = h\frac{c}{\lambda_{\infty \to 1}}$$

$\Delta E = 6{,}62 \cdot 10^{-34} \cdot \dfrac{3 \cdot 10^8}{57{,}3 \cdot 10^{-10}} \quad \lambda = 57{,}3 \text{ Å} = 57{,}3 \cdot 10^{-10} \text{ m}$

$\Delta E = 3441 \cdot 10^{-20}$ Joules

3) Pour le cas de l'hydrogène $\dfrac{1}{\lambda_{\infty \to 1}} = R_H \, 1^2 \left( \dfrac{1}{1^2} - \dfrac{1}{n_\infty^2} \right)$

Pour le $Be^{3+}$ (Z=4)

$\dfrac{1}{\lambda'_{\infty \to 1}} = R_H \, Z^2 \left( \dfrac{1}{1^2} - \dfrac{1}{n_\infty^2} \right)$

$\lambda'_{\infty \to 1} = Z^2 \lambda_{\infty \to 1} = (4^2) \lambda_{\infty \to 1} = 16 \cdot \lambda_{\infty \to 1} = 916{,}8 \, \text{Å}$

$\Delta E' = E_\infty - E_1 = h \dfrac{c}{\lambda'}$

$\Delta E' = \dfrac{6.62 \cdot 10^{-34}}{916.8 \cdot 10^{-10}} \cdot 3 \cdot 10^8 = 217 \cdot 10^{-20}$ Joules

## Exercice N°4 :

Si on pose $a_1, a_2, a_3, a_4$ et $a_5$ représentent les pourcentages (%) des cinq isotopes et les masses atomique $m_1, m_2, m_3, m_4$ et $m_5$, la masse atomique moyenne sera donnée par la formule suivante :

$$M_{moy} = \dfrac{a_1 m_1 + a_2 m_2 + a_3 m_3 + a_4 m_4 + a_5 m_5}{100}$$

$$M_{moy} = \dfrac{7.95 \cdot 46 + 7.75 \cdot 47 + 73.45 \cdot 48 + 5.51 \cdot 49 + 5.34 \cdot 50}{100} = 47.92 \, g$$

La composition des atomes de chaque isotope

$^{46}_{22}Ti$ (22p, 24n)   $^{47}_{22}Ti$ (22p, 25n)   $^{48}_{22}Ti$ (22p, 26n)   $^{49}_{22}Ti$ (22p, 27n)   $^{50}_{22}Ti$ (22p, 28n).

**Exercice N°5 :**

Compléter les réactions radioactives suivantes :

$$^{14}_{7}N + ^{4}_{2}He \rightarrow ^{17}_{8}O + ^{1}_{1}H$$

$$^{9}_{4}Be + ^{4}_{2}He \rightarrow ^{12}_{6}C + ^{1}_{0}n$$

$$^{27}_{13}Al + ^{4}_{2}He \rightarrow ^{1}_{0}n + ^{30}_{15}P$$

**Exercice N° 6 :**

Pour la série de Balmer, les raies résultent de sauts électroniques sur la couche N°2

$$\frac{1}{\lambda} = R_H \left( \frac{1}{2^2} - \frac{1}{3^2} \right)$$

$$\frac{1}{\lambda} = \left( \frac{5}{36} \right) R_H$$

$$R_H = \frac{36}{5\lambda} = \frac{36}{5.6562.8} 10^8 = 109\,709.2 \text{ cm}^{-1}$$

# Rappels : Atome de Bohr

## Le modèle de Bohr :

– Nombre donné d'orbites circulaires (stationnaires)

– Une orbite = une couche électronique = niveau d'énergie

– Sur ces orbites, l'électron ne rayonne pas d'énergie

Une transition électronique : passage de l'électron d'un niveau permis à un autre niveau permis, dans un sens ou dans l'autre. Chaque transition électronique s'accompagne d'une émission (ou d'une absorption) d'une radiation de longueur d'onde λ.

$$E_2 - E_1 = \Delta E = h\upsilon = h\frac{c}{\lambda}$$

λ : longueur d'onde de la radiation émise

c : célérité de la lumière dans le vide avec $c = 3.10^8$ m.s−1

h : constante de Planck, $h = 6,626.10^{-34}$ J.s

a) **Insuffisance du modèle de Bohr, nécessité d'une approche probabiliste :**
Le modèle de Bohr n'est pas généralisable au cas des atomes polyélectroniques et est en contradiction avec le principe d'incertitude de Heisenberg. Il n'est pas possible de considérer l'électron autour du noyau comme une particule dont position et vitesse peuvent être connues à tout instant - c'est pourquoi il faut s'intéresser à la probabilité de présence de l'électron autour du noyau et être capable de définir une région de l'espace où cette probabilité sera maximale.

b) **Nombre quantique de spin - Valeurs permises des nombres quantiques :**
Un 4$^{ième}$ nombre quantique est introduit pour tenir compte que l'électron se comporte en particule pouvan t tourner sur elle-même dans un sens ou dans l'autre, d'où son nom : nombre quantique de spin s.

c) **Les orbitales atomiques** :

Dans ce modèle, l'orbite stationnaire devient l'orbitale atomique : région de l'espace où l'électron a le plus de chance de se trouver. Une couche électronique correspond à un ensemble d'orbitales atomiques (O.A.) ayant même valeur du nombre principal n.

Dans la théorie ondulatoire, au mouvement de l'électron autour du noyau est associée une onde stationnaire. L'amplitude de cette onde est donnée par la fonction d'onde $\Psi$. $\Psi$ est reliée à l'énergie par la résolution d'une équation différentielle (Schrödinger). En fait, on considère $\Psi^2$ qui a un sens correspondant à la densité volumique de la probabilité de présence P de l'électron en un point donné ($dP = \Psi^2 dv$). La probabilité de présence de l'électron est la même en tout point d'une O.A. Les fonctions d'onde sont caractérisées par les nombres quantiques n, l et m

Le nombre secondaire ou azimutal l caractérise la forme de l'O.A., lui donne un nom et définit une sous-couche électronique (n, l). Suivant les valeurs de l, nombre secondaire et de m, nombre magnétique, on distingue :

− l = 0 : 1 orbitale s (sharp) sphérique (Figure 1) : le noyau est au centre de la sphère et la probabilité de présence de l'électron ne dépend pas de la direction autour du noyau ;

− l = 1 : 3 orbitales p (principal) avec deux lobes symétriques et des orientations perpendiculaires (Figure ci-dessous) : le noyau est (au centre) à la jonction des deux lobes et il existe une direction privilégiée pour la probabilité de présence de l'électron ;

− l = 2 : 5 orbitales d (diffuse) de formes complexes et de géométries différentes ;

− l = 3 : 7 orbitales f (fundamuntal).

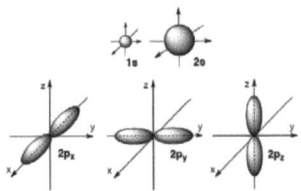

Les O.A. possèdent des niveaux d'énergie propres

d)     **Règles et principes du remplissage électronique des orbitales atomiques :**

Un électron dans une orbitale est décrit par un ensemble (n, l, m, s). On utilise le modèle de la case quantique qui symbolise une O.A.

**Exemple** : l'électron de l'hydrogène dans l'orbitale 1s s'écrit $1s^1$

Le remplissage des O.A. à l'état fondamental s'effectue en respectant trois règles et principes. La règle de Klechkovski (ci-dessous) permet de mémoriser le processus et de l'appliquer pour toute valeur de Z.

**Principe de stabilité** (énergie minimale).

La répartition des électrons s'effectue en commençant par les couches de plus basse énergie : remplissage progressif des niveaux et sous-niveaux pour les éléments de Z = 1 à 18 puis selon la règle de Klechkovski.

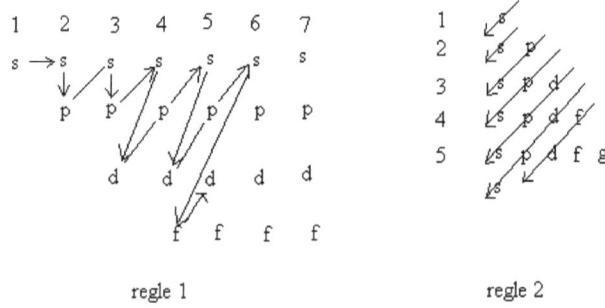

*1s 2s 2p 3s 3p 4s 3d 4p 5s 4d 5p 6s 4f 5d*

**Principe d'exclusion de Pauli.**

Deux électrons dans un atome ne peuvent être décrits par le même ensemble (n, l, m, s), c'est-à-dire ne peuvent être dans le même état quantique. Si deux électrons d'un même atome ont les mêmes valeurs (n, l, m), alors ils diffèrent nécessairement par leurs spins : appariés, antiparallèles.

**Règle de Hund.**

Les électrons situés sur une sous-couche donnée (même valeur de l) tendent à « garnir » le plus possible d'O.A. et ensuite seulement à finir de les remplir (avec des spins opposés). Une exception à la règle de **Hund** concerne les configurations en $nd^5$ et $nd^{10}$. Celles-ci correspondent à une énergie inférieure et confèrent donc davantage de stabilité (à fortiori pour la seconde où toutes les O.A. d sont remplies). C'est pourquoi elles seront de préférence adoptées si le déplacement d'un seul électron permet de les atteindre

## Exercices : Atome de Bohr

**Exercice N°1 :**

Quelle est l'énergie au repos d'un électron et d'un proton ?

On donne $m_e = 0.91 \cdot 10^{-30}$ Kg et $c = 3.10^8$ m/s

**Exercice N°2 :**

Calculer le rayon $r_1$ en cm correspondant à la première orbite (n=1) pour l'atome de Bohr.

On donne $h = 6.63 \cdot 10^{-27}$ erg.s, $e = 4.8 \cdot 10^{-10}$ ues.cgs, $m_e = 9.1 \cdot 10^{-28}$ g

**Exercice N°3 :**

D'après la théorie de Bohr, calculer

a) Le rayon des couches L de l'atome d'hydrogène
b) L'énergie de cette couche

## Exercice N°4

Soit l'atome d'hydrogène à l'état fondamental.

a) Cet atome absorbe un photon de longueur d'onde $\lambda_1 = 972.8$ Å. Sur quel niveau se trouve l'électron suite à cette absorption ?

b) Après absorption du premier photon, l'atome d'hydrogène émet un autre photon de longueur d'onde $\lambda_2 = 18790$ Å. Sur quel niveau de trouve l'électron ?

c) Représenter ces deux transitions sur un diagramme énergétique.

On donne $R_H = 1.097\ 10^7$ m$^{-1}$

## Exercice N°5 :

a) La fréquence de la raie possédant la plus petite valeur de $\lambda$ pour l'atome d'hydrogène dans la série de Balmer est égale à $8.227\ 10^{14}$ s$^{-1}$.
Calculer la valeur de la constante de Rydberg.

b) Une radiation de longueur d'onde $\lambda = 0.1\ 10^{-7}$ m provoque l'ionisation d'un atome hydrogénoïde initialement à l'état fondamental.

1) Calculer la charge nucléaire Z et l'énergie d'ionisation de ce hydrogénoïde.

2) Calculer, selon le modèle de Bohr, le rayon de l'orbite électronique de ce hydrogénoïde pris dans son premier état excité.
On donne le rayon de Bohr r=0.53 Å et la constante de Planck h= 6.62 $10^{-34}$ J.S

## Exercice N°6

Les niveaux énergétiques de l'électron d'un atome hydrogénoïde s'exprime par la relation

$$E_n = \frac{-2.18\ Z^2 10^{-18}}{n^2}\ \text{Joules}$$

a) Quelle est la quantité d'énergie que doit absorber un atome d'hydrogène pour que l'électron passe de l'état fondamental au troisième état excité.

b) Cette énergie est fournie sous forme d'une radiation lumineuse. Quelle est la longueur de cette radiation. Quelle serait la longueur d'onde, si on remplaçait l'atome d'hydrogène par l'ion hydrogénoïde $Li_3^{2+}$.

c) On donne h= 6.62 $10^{-34}$ J.s

# Corrigé : Atome de Bohr

**Exercice N°1 :**

a)   $E_e$ ?

La loi de conservation de l'énergie : relation d'Einstein

$E_e = m_e \cdot c^2 = 0.91 \cdot 10^{-30} (3.10^8)^2 = 8.19 \cdot 10^{-14}$ Joules

b)   $E_p$ ?

La masse du proton vaut 1836 fois celle de l'électron

$E_p = 1836 \cdot 8.19 \cdot 10^{-14} = 1.5 \cdot 10^{-10}$ Joules

On peut calculer $E_p$ en utilisant $m_p = 1.67 \cdot 10^{-27}$ kg

**Exercice N°2 :**

Le rayon est donné par : $r_{(n=1)} = \dfrac{n^2 h^2}{4\pi^2 e^2 m Z}$

Pour l'atome de Bohr Z=1 et n=1 donc

$r_{(n=1)} = \dfrac{h^2}{4\pi^2 e^2 m}$

$r_{(n=1)} = \dfrac{(6.63 \cdot 10^{-27})^2}{4(3.14)^2 9.10^{-28}(4.8 \cdot 10^{-10})^2} = 0.53 \cdot 10^{-8}$ cm $= 0.53$ Å

**Exercice N°3 :**

a)   La couche L correspond à n = 2

$r = r_H \cdot n^2 = 0.53 \,(2)^2 = 2.21$ Å

b)   $E_n = \dfrac{E_H}{n^2} = \dfrac{-13.6}{n^2}$

$E_2 = \dfrac{-13.6}{4} = 3.4$ ev

**Exercice N°4 :**

a) L'atome d'hydrogène à l'état fondamental (état le plus stable), il peut passer vers l'état correspondant à n=2, n=3…n=∞

$$h\upsilon = h\frac{c}{\lambda} = \frac{2\pi^2 m e^4 Z^2}{n^2 h^2} \left(\frac{1}{n_1^2} - \frac{1}{n_2^2}\right)$$

$$\frac{1}{\lambda} = \frac{2\pi^2 m e^4 Z^2}{h^3 c} \left(\frac{1}{n_1^2} - \frac{1}{n_2^2}\right)$$

$R_H$ = constante de Rydberg, $\quad R_H = \dfrac{2\pi^2 m e^4}{h^3 c}$

$$\frac{1}{\lambda} = R_H Z^2 \left(\frac{1}{n_1^2} - \frac{1}{n_2^2}\right) \qquad n_1 < n_2 \quad Z = 1 \quad \text{pour } {}_1H$$

a) $\quad \dfrac{1}{\lambda_1} = R_H \left(\dfrac{1}{1^2} - \dfrac{1}{n_2^2}\right) = R_H - \dfrac{R_H}{n_2^2}$

$$n_2^2 = \frac{R_H}{R_H - \frac{1}{\lambda_1}}$$

$$n_2 = \sqrt[2]{\frac{\lambda_1 R_H}{\lambda_1 R_H - 1}}$$

AN : $n_2 = \sqrt[2]{\dfrac{972.8 \cdot 10^{-10} \cdot 1.097 \cdot 10^7}{(973.8 \cdot 10^{-10} \cdot 1.097 \cdot 10^7) - 1}} \approx 4$

$n_2 = 4$

b) $\quad \dfrac{1}{\lambda_2} = R_H \left(\dfrac{1}{n_1^2} - \dfrac{1}{n_2^2}\right) \qquad n_1 < n_2$

$$\frac{1}{18790} = 1.091 \cdot 10^7 \left(\frac{1}{n_1^2} - \frac{1}{4^2}\right)$$

$n_1 = \sqrt{\dfrac{16 \lambda_2 R_H}{16 + \lambda_2 R_H}} \approx 3 \qquad n_1 = 3$

La représentation :

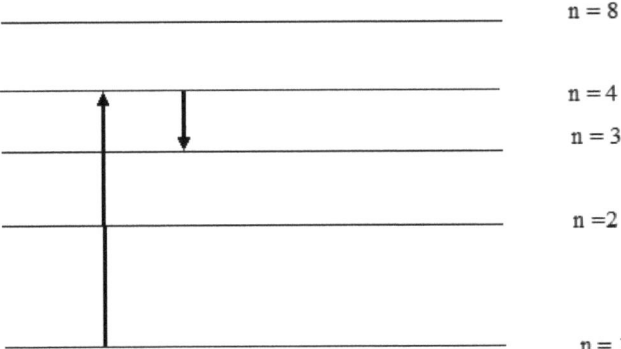

## Exercice N°5 :

$\upsilon$ est la fréquence  $\bar{\upsilon} = \dfrac{\upsilon}{c} = \dfrac{1}{\lambda}$   $\lambda = \dfrac{c}{\upsilon}$

$$h\upsilon = h\dfrac{c}{\lambda} = \dfrac{2\pi^2 m e^4 Z^2}{n^2 h^2}\left(\dfrac{1}{n_1^2} - \dfrac{1}{n_2^2}\right)$$

a)

$$\dfrac{1}{\lambda} = \dfrac{2\pi^2 m e^4 Z^2}{h^3 c}\left(\dfrac{1}{n_1^2} - \dfrac{1}{n_2^2}\right) = \bar{\upsilon}$$

$R_H$ = constante de Rydberg,   $R_H = \dfrac{2\pi^2 m e^4}{h^3 c}$

$$\dfrac{1}{\lambda} = R_H Z^2 \left(\dfrac{1}{n_1^2} - \dfrac{1}{n_2^2}\right) \quad \text{avec} \quad n_1 < n_2$$

Atome $_1$H (Z = 1)  et série de Balmer $\rightarrow n_1 = 2$

$$\dfrac{\upsilon}{c} = R_H\left(\dfrac{1}{2^2} - \dfrac{1}{\infty}\right) = \dfrac{R_H}{4}$$

$R_H = \dfrac{4\upsilon}{c}$   AN :  $R_H = \dfrac{4(8.227 \cdot 10^{14})}{3 \cdot 10^8} = 1.0969 \cdot 10^{7}$ m$^{-1}$

$R_H \approx 1.097 \cdot 10^7$ m$^{-1}$

$\lambda = 0.1 \cdot 10^{-7}$ m et on a $\frac{1}{\lambda} = R_H Z^2 \left(\frac{1}{n_1^2} - \frac{1}{n_2^2}\right) = R_H Z^2 \left(\frac{1}{1^2} - \frac{1}{\infty}\right) = R_H Z^2$

d'où $Z = \sqrt[2]{\frac{1}{\lambda R_H}} = \sqrt[2]{\frac{1}{1.097 \cdot 10^7 \cdot 0.1^{-7}}} = 3$

c'est donc l'atome de Li (Li$^{2+}$)

l'énergie d'ionisation ?

$E_i = E_\infty - E_1 = \frac{E_H Z^2}{\infty^2} - \left(-\frac{13.6\ Z^2}{n_1^2}\right)$

$E_i = \frac{13.6 \cdot 3^2}{1^2} = 122.4$ ev

$E_i = 122.4 \cdot 1.6\ 10^{-19} = 1.95 \cdot 10^{-17}$ Joules

b) Le rayon de l'orbite électronique de l'hydrogénoïde, lr premier état excité correspond à n = 2

$r = r_H \frac{n^2}{Z} = 0.53 \cdot 10^{-10} \cdot \frac{2^2}{3} = 0.70 \cdot 10^{-10}$ m

**Exercice N°6 :**

$E_n = \frac{-2.18\ Z^2\ 10^{-18}}{n^2}$ (Joules)

a) Etat fondamental n=1
3$^{\text{ème}}$ état excité correspond à n = 4

$\Delta E = E_4 - E_1 = \frac{-2.18 \cdot 1^2 \cdot 10^{-18}}{4^2} - \left(-\frac{2.18 \cdot 10^{-18} \cdot 1^2}{1^2}\right) = 2.04\ 10^{-18}$ Joules

$\Delta E = h\upsilon = \frac{hc}{\lambda} \quad \rightarrow \quad \lambda = \frac{hc}{\Delta E} \quad$ avec $\quad \frac{1}{\lambda} = R_H \left( \frac{1}{n_1^2} - \frac{1}{n_2^2} \right) \quad$ pour H

AN : $\lambda = \frac{6.63 \cdot 10^{-34} \cdot 3 \cdot 10^8}{2.04 \cdot 10^{-18}} = 973 \cdot 10^{-10}$ m = 973 Å

Pour un hydrogénoïde on a avec $\quad \frac{1}{\lambda'} = R_H Z^2 \left( \frac{1}{n_1^2} - \frac{1}{n_2^2} \right)$

$\frac{1}{\lambda'} = \frac{1}{\lambda} \cdot Z^2 \quad \rightarrow \quad \lambda' = \frac{\lambda}{Z^2}$

Pour le $Li^{2+}$ (Z=3)

$\lambda' = \frac{973}{3^2} = 108.11$ Å

# Rappels : Classification périodique des éléments

## La classification périodique des éléments, propriétés périodiques

a)   Constitution

La classification périodique des éléments (C.P.E.) permet de classer les éléments par ordre croissant des valeurs du numéro atomique Z selon :

– 7 lignes : périodes (Z croît de gauche à droite, n identique, remplissage de la couche externe)

– 18 colonnes : famille   (Z croît de haut en bas, même configuration électronique externe d'où propriétés physiques ou chimiques voisines).

La C.P.E. est un outil qui permet de prévoir les propriétés d'un élément suivant sa position dans le tableau périodique. Les métaux de transition comportent des sous-couches **d** incomplètes (à partir du scandium Z = 21) et donnent facilement des cations (plusieurs degrés d'oxydation possibles).

b)   Propriétés périodiques

L'énergie d'ionisation correspond à l'énergie minimale requise pour arracher un électron d'un atome pris à l'état gazeux et à l'état quantique fondamental. $Ei > 0$.

Energie de $1^{ère}$ ionisation :

$$Ei_1 + X\,(g) \rightarrow X^+\,(g) + e^-$$

Le rayon de covalence (ou rayon atomique) est la moitié de la distance entre les noyaux de deux atomes liés d'un élément dans le corps simple.

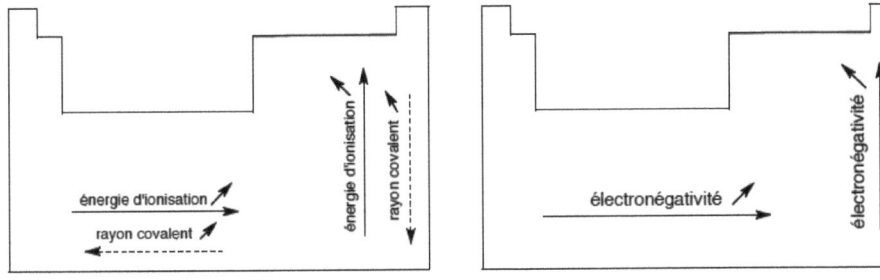

Variation de l'énergie d'ionisation, du rayon de covalence et de l'électronégativité

**L'électronégativité** est la tendance qu'a un atome à attirer vers lui les électrons de liaison dans une liaison covalente. Une liaison covalente dissymétrique, A-B, est polaire.

Le fluor est plus électronégatif que l'hydrogène et la molécule H-F est polaire car le nuage électronique est déformé au profit du fluor.

L'échelle de Pauling est la plus simple des échelles d'électronégativité utilisées. Le fluor est l'élément le plus électronégatif avec un indice de 4.

c) Le moment dipolaire

Dans les liaisons polaires, il existe deux charges partielles – $\delta$ et +$\delta$ situées à une distance donnée ; cela constitue un dipôle électrostatique, caractérisé par un moment dipolaire $\mu$ dont l'unité est le Debye (D) avec 1 D = $3{,}336.10^{-30}$ C.m.

Le moment dipolaire d'une liaison est un vecteur (figure ci-dessous). Le moment dipolaire d'une molécule est donc la somme vectorielle de tous les moments dipolaires des liaisons de la molécule :

- Somme vectorielle nulle = molécule apolaire

- Somme vectorielle non nulle = molécule polaire.

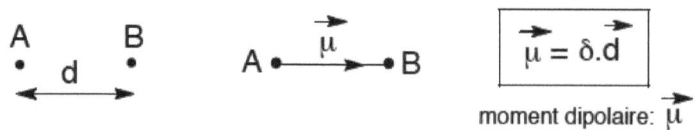

Polarité d'une molécule dissymétrique, moment dipolaire

## Exercices : Classification périodique des éléments

**Exercice N°1 :**

Dans un atome, combien d'électron peuvent être caractérisés par les valeurs suivantes d'un ou plusieurs nombres quantiques ?

a)  n= 4.          b) n= 3, l=2.          c) n= 4, l= 0, s= +1/2.          d) n= 3, s= -1/2.

- Donner les valeurs des quatre nombres quantiques caractérisant chacun des quatre électrons du Béryllium $_4$Be dans son état fondamental.

**Exercice N°2:**

a) Le germanium appartient à la colonne de $_6$C et à la période de $_{19}$K. Déterminer son numéro atomique.

b) Lesquels des éléments suivants, se trouvent dans une même colonne du tableau périodique : $_3$Li, $_4$Be, $_7$Na, $_{16}$S, $_{20}$Ca, $_{24}$Cr, $_{26}$Fe, $_{29}$Cu, $_{52}$Te, $_{33}$As ?

c) Quel serait le numéro atomique de l'élément alcalinoterreux précédent au radium dont le numéro atomique est 88 ?

d) L'atome d'un élément Y comporte dans sa couche de valence deux électrons célibataires et deux doublets électroniques. Son nombre quantique principal étant n=3, déterminer la structure électronique complète de cet élément.

**Exercice N° 3 :**

- Classer par ordre croissant, en justifiant votre réponse, les rayons atomiques des éléments :

($_{12}$Mg,   $_{13}$Al,   $_{20}$Ca)

($_{55}$Cs,   $_9$F,   $_{19}$K,   $_7$N,   $_3$Li)

($_{13}$Al,   $_{49}$In,   $_9$F,   $_8$O,   $_{14}$Si,   $_{16}$S)

- Classer par ordre décroissant les électronégativités et les énergies de la première ionisation, en justifiant votre réponse, des éléments suivants :

   ($_{11}$Na, $_{19}$K, $_{37}$Rb)      ($_8$O,   $_{10}$Ne,   $_{11}$Na,   $_{11}$Na$^+$)

- Les énergies de la première ionisation pour les éléments suivants de la colonne des métaux alcalins sont : Li : 5,36 ev ;   Na : 5,12 ev ;   K : 4,3 ev.
Expliquer cette évolution.

**Exercice N° 4 :**
Soit un des électrons d'un atome caractérisé par le nombre quantique principal n=3. Indiquer sous forme de tableau les valeurs possibles des autres nombres quantiques de cet électron. Observe-t-on un état 3f ?

**Exercice N° 5 :**
1) On considère les atomes et les ions suivants :
$_{11}$Na,   $_{17}$Cl,   $_{35}$Br,   $_{37}$Rb,   $_{13}$Al,   $_{24}$Cr,   $_{29}$Cu,   $_{49}$In,   $_{28}$Ni,   $_{26}$Fe,   $_{42}$Mo, $_{12}$Mg$^{2+}$,   $_{29}$Cu$^+$,   $_{17}$Cl$^-$,   $_{26}$Fe$^{3+}$

a)   Donner la configuration électronique des atomes et des ions en présentant à l'aide des cases vacantes les électrons de valence.
b)   Donner le période, le groupe de chaque atome.
c)   Parmi les éléments et les ions suivants, citer ceux qui présentent un caractère de transition.

2) Quel est le numéro atomique d'un atome qui possède 7 électrons « 3d ».

**Exercice N° 6 :**

1) Classer par ordre croissant les rayons ces différents atomes en justifiant la réponse.
$_9F$, $_{19}K$, $_{26}Fe$, $_{30}Zn$, $_{28}Ni$, $_7N$, $_3Li$.
Parmi ces éléments, quels sont les métaux de transition ?

2) Classer par ordre croissant l'électronégativité et l'énergie de la première ionisation en justifiant la réponse : a) $_8O$, $_{10}Ne$, $_{11}Na$, $_{11}Na^+$

b) $_{11}Na$, $_{19}K$, $_{37}Rb$

**Exercice N° 7 :**

Soient les éléments suivants : $_{19}K$, $_{11}Na$, $_{12}Mg$, $_{17}Cl$, $_{16}S$, $_{18}Ar$.

1) Donner la configuration électronique, Prévoir ceux qui forment des cation ou es anions.

2) Comparer les rayons atomiques et les électronégativités de ces éléments.

3) L'énergie de première ionisation étant donnée entre parenthèses (en KJ/mole). Identifier le meilleur donneur d'électrons parmi les éléments suivants :
Ar(1520), Cl (1254), Mg (737), Na (495), S (999).

## Corrigé : Classification périodique des éléments

**Exercice N°1**

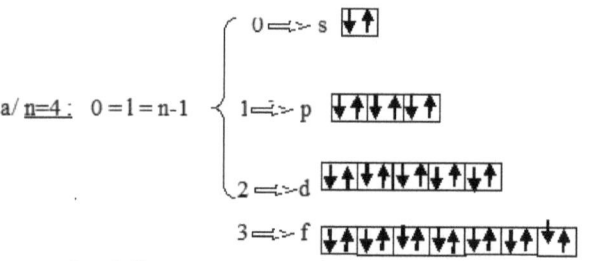

a/ $\underline{n=4}$ : $0 = l = n-1$

Le nombre d'électrons : 2e⁻ (s) + 6e⁻ (p) + 10e⁻ (d) + 14e⁻ (f) = 32 e⁻.

b/ <u>n=3, l=2</u> : pour n=3 $\begin{cases} l=0 \Rightarrow s \\ l=1 \Rightarrow p \\ l=2 \Rightarrow d \; [\uparrow\downarrow|\uparrow\downarrow|\uparrow\downarrow|\uparrow\downarrow|\uparrow\downarrow] \end{cases}$

Le nombre d'électrons : 10 e⁻.

c/ <u>n=4, l=0, s=+1/2</u> : pour n=4 $\begin{cases} l=0 \Rightarrow s \; [\uparrow] \\ l=1 \Rightarrow p \\ l=2 \Rightarrow d \end{cases}$

d/ <u>n=3, s=−1/2</u> : pour n=3 $\begin{cases} l=0 \Rightarrow s \; [\downarrow] \\ l=1 \Rightarrow p \; [\downarrow|\downarrow|\downarrow] \\ l=2 \Rightarrow d \; [\downarrow|\downarrow|\downarrow|\downarrow|\downarrow] \end{cases}$

$_4$Be : 1s² 2s² : pour n=1, l=0 → s [↓]   s=±1/2

Pour n=2, l= 0,1 or il nous reste que 2e⁻ donc l= 0 → s  [↑↓]  s=±1/2

## Exercice N°2 :

a) Ge ∈ à la colonne des $_6$C : 1s² 2s² 2p² donc n=2 et le groupe $IV_A$

Ge ∈ à la période de $_{19}$K : 1s² 2s² 2p⁶ 3s² 3p⁶ /4s¹    n=4 et le groupe $I_A$

Ge ∈ $IV_A$ et n =4 e, il a comme structure périphérique : ................./ 4s² 4p²

Ge : 1s² 2s² 2p⁶ 3s² 3p⁶ 3d¹⁰ / 4s² 4p²  (z = 32).

b) $_3$Li : 1s²/ 2s¹ *($I_A$)* ; $_4$Be : 1s²/ 2s² *($II_A$)*  ; $_{11}$Na : 1s² 2s² 2p⁶ /3s¹ *($I_A$)*

$_{16}$S: 1s² 2s² 2p⁶ / 3s² 3p⁴    *($VI_A$)*

₂₄Cr : $1s^2\ 2s^2\ 2p^6\ 3s^2\ 3p^6/\ 4s^2\ 3d^4$ ⎫ la sous couche d est plus stable quand elle est

₂₄Cr : $1s^2\ 2s^2\ 2p^6\ 3s^2\ 3p^6/\ 4s^1\ 3d^5$ ⎭ complètement ou à moitié remplie.

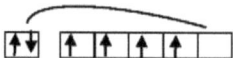

1$^{er}$ cas particulier du tableau périodique. C'est le groupe ($VI_B$)

₂₆Fe : $1s^2\ 2s^2\ 2p^6\ 3s^2\ 3p^6/\ 4s^2\ 3d^6$

($VIII_{B1}$) {Fe ∈ à la triade B : $VIII_{B1}$ / $VIII_{B2}$ / $VIII_{B3}$}

Électrons périphériques :    8e⁻    9e⁻    10e⁻

₂₉Cu : $1s^2\ 2s^2\ 2p^6\ 3s^2\ 3p^6\ 4s^2\ 3d^9$ c'est le deuxième cas particulier du tableau périodique pour plus de stabilité on écrit :

₂₉Cu : $1s^2\ 2s^2\ 2p^6\ 3s^2\ 3p^6\ 4s^1\ 3d^{10}$          ($I_B$)

₅₂Te : $1s^2\ 2s^2\ 2p^6\ 3s^2\ 3p6\ 4s^2\ 3d^{10}\ 4p^6\ 5s^2\ 4d^{10}\ 5p^4$    ($VI_A$).

₃₃As : $1s^2\ 2s^2\ 2p^6\ 3s^2\ 3p^6\ 4s^2\ 3d^{10}\ 4p^3$          ($V_A$).

<u>Conclusion:</u>     Li et Na ∈ $I_A$   ;   Be et Ca ∈ $II_A$   ;   S et Te ∈ $VI_A$.

c)- X est un alcalinoterreux qui appartient à la colonne du Ra :

₈₈Ra : $1s^2\ 2s^2\ 2p^6\ 3s^2\ 3p^6\ 4s^2\ 3d^{10}\ 4p^6\ 5s^2\ 4d^{10}\ 5p^6\ 6s^2\ 4f^{14}\ 5d^{10}\ 6p^6\ /\ 7s^2$.   Ra ∈ $II_A$ et n=7

X précède Ra donc sa structure périphérique sera ............./ $6s^2$

$_zX$ : $1s^2\ 2s^2\ 2p^6\ 3s^2\ 3p^6\ 4s^2\ 3d^{10}\ 4p^6\ 5s^2\ 4d^{10}\ 5p^6\ /\ 6s^2$ → Z = 56.

d)- Y ∈ n=3 (dans la couche de valence il y a 2e⁻ célibataires et 2 doublets électroniques)

Y : ............../ $3s^2\ 3p^4$     on respecte la règle de HUND et PAULI

$_zY$ : $1s^2\ 2s^2\ 2p^6\ /\ 3s^2\ 3p^4$  →  z = 16.

**Exercice N°3:**

$1^{ère}$ série : $_{12}Mg$, $_{13}Al$, $_{20}Ca$

$_{12}Mg$: $1s^2\ 2s^2\ 2p^6 / 3s^2$      Mg Є $II_A$   et   n=3     Mg et Ca Є au même groupe $II_A$

$_{13}Al$: $1s^2\ 2s^2\ 2p^6 / 3s^2\ 3p^1$      Al Є $III_A$   et   n=3

$_{20}Ca$: $1s^2\ 2s^2\ 2p^6\ 3s^2\ 3p^6 / 4s^2$      Ca Є $II_A$   et   n= 4     Mg et Al Є à la même période n=3

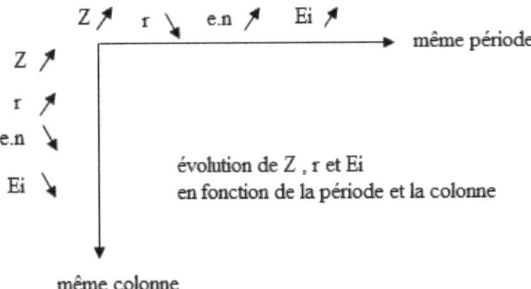

évolution de Z , r et Ei
en fonction de la période et la colonne

- suivant la même période : r (Mg) > r (Al)

- suivant le même groupe : r (Ca) > r (Mg)

donc : (Ca) > r (Mg) > r (Al)

$2^{ème}$ série :    $_{55}Cs$,   $_9F$,   $_{19}K$,   $_7N$,   $_3Li$

$_{55}Cs$ : $1s^2\ 2s^2\ 2p^6\ 3s^2\ 3p^6\ 4s^2\ 3d^{10}\ 4p^6\ 5s^2\ 4d^{10}\ 5p^6 / 6s^1$    Cs Є $I_A$   et   n = 6     Cs, K, Li Є $I_A$

$_9F$:   $1s^2 / 2s^2\ 2p^5$      F Є $VII_A$   et   n = 2

$_{19}K$: $1s^2\ 2s^2\ 2p^6\ 3s^2\ 3p^6 / 4s^1$      K Є $I_A$    et   n = 4

$_7N$: $1s^2 / 2s^2\ 2p^3$      N Є $V_A$     et   n = 2    F, N, Li Є n = 2

$_3Li$ : $1s^2 / 2s^1$      Li Є $I_A$    et   n = 2

- suivant la même période : r (F) > r (N) > r (Li)

- suivant le même groupe : r (Cs) > r (K) > r (Li)

Donc : r (Cs) > r (K) > r (Li) > r (N) > r (F).

$3^{ème}$ série :

$_{13}Al$, $_{49}In$, $_9F$, $_8O$, $_{14}Si$, $_{16}S$

$_{13}Al$ : $1s^2\ 2s^2\ 2p^6\ /\ 3s^2\ 3p^1$      Al $\in$ $III_A$  et  n = 3

$_{49}In$: $1s^2\ 2s^2\ 2p^6\ 3s^2\ 3p^6\ 4s^2\ 3d^{10}\ 4p^6\ 4d^{10}\ 5/s^2 5p^1$   In $\in$ $VII_A$ et  n = 5    Al, In $\in$ $III_A$

$_9F$: $1s^2\ /\ 2s^2\ 2p^5$      F $\in$ $VII_A$ et  n = 2    O, S $\in$ $VI_A$

$_8O$ : $1s^2\ /\ 2s^2\ 2p^4$     O $\in$ $VI_A$ et  n = 2

$_{14}Si$ : $1s^2\ 2s^2\ 2p^6\ /3s^2\ 3p^2$    Si $\in$ $IV_A$ et   n = 3   Al, Si, S $\in$ n = 3
$_{16}S$ : $1s^2\ 2s^2\ 2p^6\ /3s^2\ 3p^4$     S $\in$ $VI_A$ et  n = 3

- Selon le même groupe : r (In) > r (Al)    et    r (S) > r (O)

- Selon la même période : r (Al) > r (Si) > r (S)

Donc    r (In) > r (Al) > r (Si) > r (S) > r (O)


2)/ $1^{ère}$ série : $_{11}Na$,  $_{19}K$,  $_{37}Rb$

$_{11}Na$ : $1s^2\ 2s^2\ 2p^6\ /3s^1$      Na $\in$ $I_A$ et n = 3

$_{19}K$ : $1s^2\ 2s^2\ 2p^6\ /3s^2\ 3p^6/\ 4s^1$     K $\in$ $I_A$ et n = 4    Na, K, Rb $\in$ à la meme colonne

$_{37}Rb$ : $1s^2\ 2s^2\ 2p^6\ 3s^2\ 3p^6\ 4s^2\ 3d^{10}\ 4p^6\ /\ 5s^1$    Rb $\in$ $I_A$ et n = 5    donc r (Rb) > r (K) > r (Na)

Et  e n (Na) > e n (K) > e n (Rb).

Ainsi Ei (Na) > Ei (K) > Ei (Rb)   $1^{ère}$ ionisation       X + Ei $\rightarrow$ $X^+$ + 1$e^-$

2$^{ème}$ série : $_8O$, $_{10}Ne$, $_{11}Na$, $_{11}Na^+$

$O \in VI_A$  et  n = 2

$Na \in I_A$  et  n = 3

$_{10}Ne$ : $1s^2\ 2s^2\ 2p^6$ ($ns^2\ np^6$) la structure saturée des gaz nobles (stables)

$_{11}Na$ : $1s^2\ 2s^2\ 2p^6\ /3s^0$

*Notes*: $Na^+$ est un ion.

Ne est un gaz noble (très stable, son en est nulle et possède une Ei élevée)

r (K) > r (Na)  →  en (O) > en (Na) et Ei (O) > Ei (Na) les deux colonnes (famille S) sont plus électropositives que les éléments de la famille P.

3)/ :  Li ( Ei = 5,36 ev );     Na ( Ei = 5,12 ev ) ;     K ( Ei = 4,3 ev).

$Li \in I_A$  et  n = 2     $Na \in I_A$  et  n = 3     $K \in I_A$  et  n = 4

Selon la colonne $I_A$

Li   | r (K) > r (Na) > r (Li)   , en (Li) > en (Na) > en (K)

Na   | et  Ei (O) > Ei (Na) > Ei (K)

K  ↓

Remarques: en : électronégativité,  Ei : énergie de première onisation

## **Exercice N°4:**

Un electron est caractérisé par le quadruplet n,l,m et s

$n \geq 1$      $0 \leq l \leq n-1$    $-l \leq m \leq +l$         $s = \pm \frac{1}{2}$

pour n=3    l= 0,1,2

l=0   m=0      s=±½         ☐

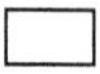

l=1   m = -1           s=±½      ☐☐☐

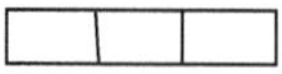

      m = 0  s=±½

      m=+1            s=±½

l=2   m = -2           s=±½      ☐☐☐☐☐

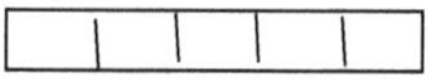

      m = -1           s=±½

      m = 0  s=±½

      m=+1            s=±½

      m = +2           s=±½

Il n'existe pas d'état 3 f car il n'y a pas d'état f dans le niveau 3

**Exercice N° 5** :

| Eléments | Structure électronique | Période | Groupe/SG |
|---|---|---|---|
| $_{11}$Na | $1s^22s^22p^6\underline{3s^1}$ | 3 | IA |
| $_{17}$Cl | $1s^22s^22p^6\underline{3s^23p^5}$ | 3 | IA |
| $_{35}$Br | $1s^22s^22p^63s^23p^6\underline{4s^2}3d^{10}\underline{4p^5}$ | 4 | VIIA |
| $_{37}$Rb | $1s^22s^22p^63s^23p^64s^23d^{10}4p^6\underline{5s^1}$ | 5 | IA |
| $_{13}$Al | $1s^22s^22p^6\underline{3s^23p^1}$ | 3 | IIIA |

| | | | |
|---|---|---|---|
| $_{24}Cr$ | $1s^22s^22p^63s^23p^6\underline{4s^13d^5}$ | 4 | VIB |
| $_{29}Cu$ | $1s^22s^22p^63s^23p^6\underline{4s^13d^{10}}$ | 4 | IB |
| $_{49}In$ | $1s^22s^22p^63s^23p^64s^23d^{10}4p^6\underline{5s^2}4d^{10}\underline{5p^1}$ | 54 | IIIA |
| $_{28}Ni$ | $1s^22s^22p^63s^23p^6\underline{4s^23d^8}$ | 4 | VIIIB |
| $_{26}Fe$ | $1s^22s^22p^63s^23p^6\underline{4s^23d^6}$ | 5 | VIIIB |
| $_{42}Mo$ | $1s^22s^22p^63s^23p^64s^23d^{10}4p^6\underline{5s^1\,4d^5}$ | 3 | VIB |
| $_{12}Mg^{2+}$ | $1s^22s^22p^6\underline{3s^0}$ | 4 | |
| $_{29}Cu^+$ | $1s^22s^22p^63s^23p^64s^03d^{10}$ | 3 | |
| $_{17}Cl^-$ | $1s^22s^22p^6\underline{3s^23p^6}$ | 4 | |
| $_{26}Fe^{3+}$ | $1s^22s^22p^63s^23p^64s^03d^{10}$ | | |

La période correspond au niveau énergétique le plus élevé

Le groupe correspond aux électrons de valence

Le sous groupe, par convention, correspond à une terminaison s ou p (A) et à une terminaison d (B).

Les éléments de transition on tune configuration $ns^2(n-1)d^x$ (x≤8)

C'est le Cr, Cu, Ni, Fe, Mo
$1s^22s^22p^63s^23p^64s^23d^7$ → Z = 27    $_{27}X$ →    $_{27}Co$

### Exercice N°6 :

Classer par ordre croissant les rayons de ces atomes en justifiant la réponse.
$_9F, _{19}K, _{26}Fe, _{30}Zn\,_{28}Ni, _7N, _3Li$.

$_9F: 1s^22s^22p^5$         → VII A (2 ème ligne)

$_{19}K : 1s^22s^22p^63s^23p^64s^1$    → IA (4ème ligne)

$_{26}$Fe : $1s^22s^22p^63s^23p^64s^23d^6$ → VIII B (triade Fe, Co, Ni) (4$^{ème}$ ligne)

$_{30}$Zn : $1s^22s^22p^63s^23p^64s^2\,3d^{10}$ → II B (4$^{ème}$ ligne)

$_{28}$Ni : $1s^22s^22p^63s^23p^64s^23d^8$ → VIII B (4$^{ème}$ ligne)

$_7$N : $1s^22s^22p^3$ → VA (2$^{ème}$ ligne)

$_3$Li : $1s^22s^1$ → IA (2$^{ème}$ ligne)

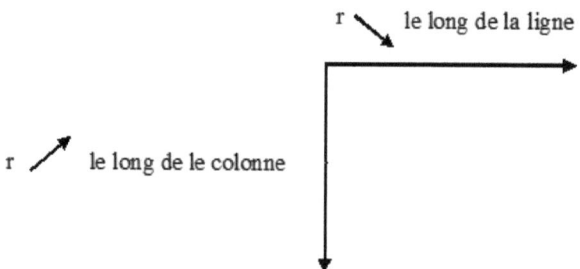

Sur la 1$^{ère}$ colonne IA → Li, K → r (K) > r (Li)  (a)

Sur la 2$^{ème}$ ligne → F, N, Li → r(Li) > r(N) > r (F)  (b)

Sur la 4$^{ème}$ ligne → K, Fe, Zn, Ni → r (Zn) < r (Ni) < r (Fe) < r (K)  (c)

Donc

**r (F) < r (N) < r (Li) < r (Zn) < r (Ni) < r (Fe) < r (K)**

l'électronégativité χ et Ei potential ou énergie d'ionisation, affinité électronique AE

$$EN = \chi = \frac{AE + E_i}{2}$$

le long d'une colonne ?   r ↗ , EN ↘ , Ei ↘

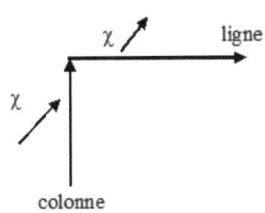
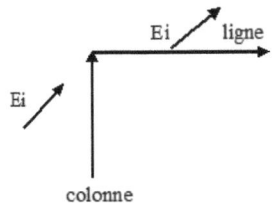

$_8$O : $1s^22s^22p^4$ → VI A (2$^{ème}$ ligne)

$_{10}$Ne : $1s^22s^22p^6$ → 0  gaz noble (2$^{ème}$ ligne)

$_{11}$Na : $1s^22s^22p^63s^1$ → IA (3$^{ème}$ ligne)

$_{11}$Na$^+$ : $1s^22s^22p^6$ → structure de $_{10}$Ne stable

Les gaz nobles ont les Ei les plus élevées

Les Ei des ions (ex Na$^+$)    ,    Ei (gaz) > Ei (ions)

Donc

**Ei (gaz $_{10}$Ne) > Ei ($_{11}$Na$^+$) > Ei ($_8$O) > Ei (Na)**

Pour la série Na , K , Rb

$_{11}$Na : $1s^22s^22p^63s^1$ → IA (3$^{ème}$ ligne)

$_{19}$K : $1s^22s^22p^63s^23p^64s^1$ → IA (4$^{ème}$ ligne)

$_{37}$Rb : $1s^22s^22p^63s^23p^64s^2\,3d^{10}4p^65s^1$ → IA (5$^{ème}$ ligne)

χ (Na) > χ (K) > χ (Rb)

Ei (Na) > Ei (K) > Ei (Rb)

**Exercice N°7 :**

$_{19}$K, $_{11}$Na, $_{12}$Mg, $_{17}$Cl, $_{16}$S, $_{18}$Ar , un élément qui gagne ou perd un ou plusieurs électrons, cherche à acquérir la structure de gaz rare le plus proche.

$_{19}$K : $1s^22s^22p^63s^23p^64s^1$    perd 1 e$^-$  →   $_{19}$K$^+$ : $1s^22s^22p^63s^23p^64s^0$   cation (IA) (3$^{ème}$ ligne)

$_{11}$Na : $1s^22s^22p^63s^1$    perd 1 e$^-$  →   $_{11}$Na$^+$ : $1s^22s^22p^63s^0$    cation IA (3$^{ème}$ ligne)

$_{12}$Mg : $1s^22s^22p^63s^2$    perd 2 e$^-$  →   $_{12}$Mg$^{2+}$ : $1s^22s^22p^63s^0$    cation IIA (3$^{ème}$ ligne)

$_{17}$Cl : $1s^22s^22p^63s^23p^5$    gagne 1 e$^-$  →   $_{17}$Cl$^-$ : $1s^22s^22p^63s^23p^6$    anion VIA (3$^{ème}$ ligne)

$_{12}$S : $1s^22s^22p^63s^23p^4$    gagne 2 e$^-$  →   $_{12}$S$^{2-}$ : $1s^22s^22p^63s^23p^6$    anion VIIIA (3$^{ème}$ ligne)

$_{18}$Ar : $1s^22s^22p^63s^23p^6$    gaz rare, stable

L'énergie d'ionisation Ei et l'électronégativité variant dans le même sens.

Dans une ligne, Ei ↗ quand r ↘

Dans un groupe χ ↘ quand Z ↗

Dans une période χ ↘ quand Z ↗

χ Ar > χ Cl > χ S > χ Mg > χ Na > χ K
r Ar > r Cl > r S > r Mg > rNa > r K

Le sodium Na est le meilleur donneur d'électrons car son énergie d'ionisation Ei est la plus faible, il donc facile de lui arracher un electron.

# Rappels de cours : Liaisons chimiques

## Les liaisons chimiques

### a) Les liaisons fortes

Les différentes liaisons fortes sont :

− La liaison ionique : formée entre deux atomes d'électronégativités très différentes (une différence d'indices de Pauling ≥ 2) avec transfert complet du doublet de liaison sur l'un des atomes ;

− La liaison métallique : structure tridimensionnelle ordonnée d'atomes où circulent les électrons de valence (cohésion, conductivité électrique)

− La liaison covalente : formée entre deux atomes par une mise en commun de 2 électrons. Les atomes interagissent entre eux de façon à aboutir à une configuration plus stable c'est-à-dire plus favorisée que les atomes isolés ; le maximum de stabilité correspondant à la configuration électronique d'un gaz rare.

### a) Les liaisons faibles, liaison par pont hydrogène

La liaison par pont hydrogène (ou liaison hydrogène) est un type particulier d'interaction dipôle-dipôle, la plus forte, entre l'atome H lié à un atome électronégatif (N-H, O-H, S-H, F-H) et un autre atome électronégatif, N, O, F, S…

La liaison hydrogène la plus importante implique l'atome O.

Lorsqu'une liaison hydrogène interne peut s'établir, les possibilités de liaisons hydrogène intermoléculaires sont alors réduites et les molécules seront plus facilement dissociables (d'où influence sur les températures de changements d'états).

# Exercices : Liaisons chimiques

**Exercice N° 1 :**

Donner les formules de Lewis des espèces suivantes :

$NH_3$, $HClO_4$, $H_2PO_4$, $Na_2HPO_4$, $PCl_5$, $NH_4^+$.

- La règle de l'octet s'applique-t-elle toujours ?
- Comment expliquer l'existence de la molécule $PCl_5$ et l'inexistence de $NCl_5$ ?

**Exercice N°2 :**

Soit la molécule HF :

a) Calculer son moment dipolaire en supposant que la liaison est purement ionique et en sachant que sa longueur est de 0,89Å.

b) Le caractère de la liaison H-F est de 43%.

Calculer le moment dipolaire réel de la molécule, en C.m et en Debye (D), ainsi que les charges effectives sur chacun des deux atomes.

On donne $1D = 0,33.10^{-29}$ C.m.

**Exercice N° 3 :**

Décrire la géométrie et l'hybridation des atomes C, N et Be dans les molécules suivantes

$NH_3$, $BeCl_2$, $CH_2 = C = CH_2$, $CH_3CH = CH - CO - CH_2 - C \equiv N$.

# Corrigé : Liaisons chimiques

**Exercice N° : 1**

$NH_3$ :  H – N̄ – H
                |
                H

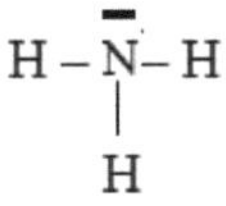

$HClO_4$ : |Ō| ← | Cl | → | Ō |
                        ↓         ↑ O – H
                       |Ō|

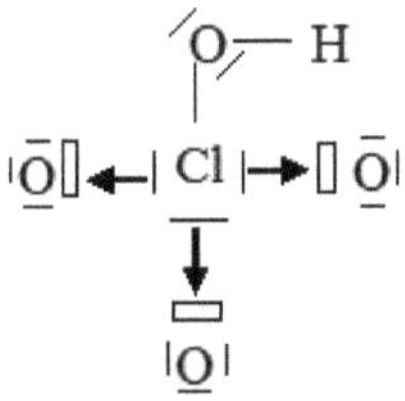

La priorité à la liaison O – H

$H_3PO_4$ :   
```
        |Ō|
         ↑
H — Ō — P — Ō — H
         |
        |O|
         |
         H
```

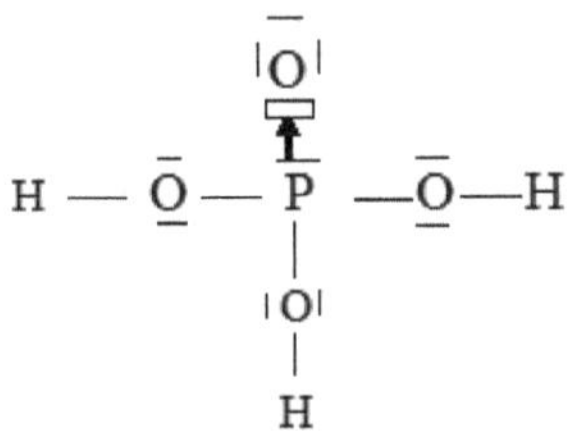

$H_2PO_4^-$ :
```
        |Ō|
         ↑
H — Ō — P — Ō⁻
         |
        |O|
         |
         H
```

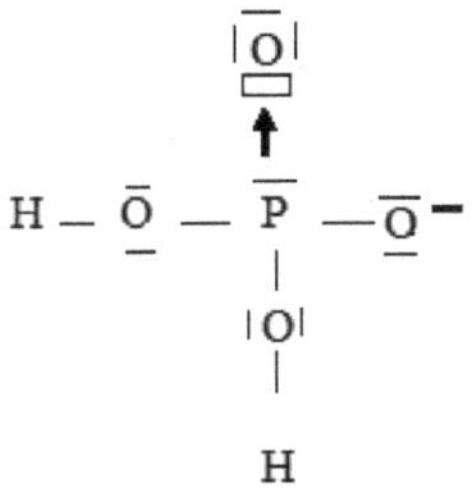

$NH_4^+$ :  
```
       H⁺
        ↑
H  –  N –  H
       |
       H
```

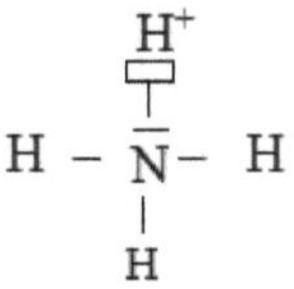

La règle de l'octet est appliquée pour toutes les molécules précédentes sauf pour $PCl_5$.

La molécule $PCl_5$ est représentée après le passage d'un électron de $3s^2$ à $3d$.

$_{15}P$ : $1s^2\ 2s^2\ 2p^6\ /\ 3s^2\ 3p^3\ 3d^0$.    [↑↓] [↑][↑][↑][ ][ ][ ][ ][ ]

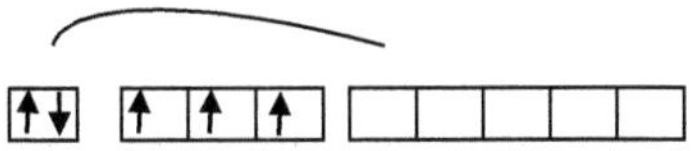

La molécule NCl₅ ne peut pas être représentée car l'atome centrale N Є n = 2 donc s et p c.à.d. que l'état excité de N est impossible.

## Exercice 2 :

a-    H F : la liaison est purement ionique par définition.

**ρ = e.d**    d = 0,89 Å (distance entre H et F)

<u>A.N</u>  $\rho = 1,6.10^{-19} \cdot 0,86.10^{-10}$    $\rho = 1,42.10^{-29}$ C.m

b- (a) est une supposition → $\rho_{théorique} = 1,42.10^{-29}$ C.m

∂ = 43%   → $\rho_{exp}$ (expérimental ou réel)

$\partial = \frac{\rho_{exp}}{\rho_{the}}$   → $\rho_{exp} = \partial \cdot \rho_{the}$

<u>**A.N**</u>    $\rho_{exp} = 0,61.10^{-29}$ C.m

1D = 0,33.10⁻²⁹ C.m         $\rho_{exp} = \frac{0.61}{0.33}$    $\rho_{exp} = 1.84$ D

## Exercice 3 :

CH₂ = C = CH₂    sp² : triangle plan α = 120°

sp²   sp   sp²       sp : linéaire α = 180°

BeCl₂ :    $|\overline{Cl}$ —.Be.— $\overline{Cl}$    Be est à l'état excité

              sp (linéaire) α = 180°

$NH_3$ :

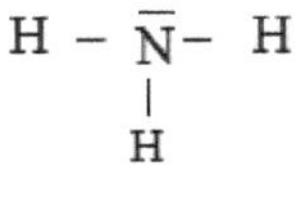

$$H - \overline{N} - H$$
$$|$$
$$H$$

N est hybridé $sp^3$ : tétraèdre α = 109°

$CH_3 - CH = CH - CO - CH_2 - C \equiv N$

$sp^3$    $sp^2$    $sp^2$    $sp^2$    $sp^3$    sp    sp

$O:sp^2$

# Rappels : Radioactivité

Historique.

La radioactivité a été découverte par Henri BECQUEREL en 1896 (1852 – 1908). Il découvre la radioactivité de l'uranium au cours de travaux sur la phosphorescence. Les travaux sont poursuivis par Pierre et Marie CURIE. En 1898, ils découvrent la radioactivité du polonium Po 210 et du radium Ra 226.

En 1903 : prix Nobel de physique (Henri BECQUEREL avec Pierre et Marie CURIE). La radioactivité artificielle fut mise en évidence en 1934 par Irène et Frédéric JOLIOT – CURIE. Ils ont créé par réaction nucléaire un isotope radioactif du phosphore. On connaît actuellement, une cinquantaine de nucléides naturels radioactifs et environ 1200 nucléides artificiels radioactifs.

**Stabilité et instabilité du noyau : la radioactivité**

Interactions au sein du noyau atomique

Les deux interactions les plus intenses, entre nucléons dans le noyau atomique sont :

• l'interaction électrique ou coulombienne, interaction à portée infinie : elle existe uniquement entre les protons ; elle est répulsive car les protons sont chargés positivement;

• l'interaction forte, interaction à très courte portée (de l'ordre de $10^{-15}$ m = 1 fm ) : elle existe entre les nucléons ( protons ou neutrons); elle est attractive et, à distance égale ( de l'ordre du fm ) est beaucoup plus intense que l'interaction coulombienne ; l'interaction forte assure la cohésion du noyau.

Remarque : à distance égale, l'interaction gravitationnelle est négligeable devant l'interaction coulombienne et l'interaction forte.

**Noyau stable et noyau instable ou radioactif**

Un noyau stable est un noyau qui garde indéfiniment la même composition.

Un noyau instable ou radioactif est un noyau qui se désintègre spontanément en donnant un noyau différent et en émettant soit :

- une particule α qui est un noyau d'hélium $^4_2He$ ( radioactivité α ), si le noyau est « lourd » ( trop de nucléons) ;

- un électron $^0_{-1}e$ ( radioactivité β⁻ ) si le noyau contient trop de neutrons ;

- un positon ou positron $^0_{+1}e$ ( radioactivité β⁺ ) si le noyau contient trop de protons ; et parfois un rayonnement électromagnétique très énergétique appelé rayonnement γ

Le noyau qui se désintègre est appelé noyau père et le noyau qui apparaît est appelé noyau fils.

Le phénomène de désintégration de noyaux instables est appelé radioactivité.

La radioactivité est une transformation spontanée qui affecte le noyau de l'atome : c'est une réaction nucléaire.

**Lois de conservation**

Une réaction nucléaire et en particulier une désintégration radioactive, obéit aux deux lois de conservations suivantes appelées également lois de Soddy :

- loi de conservation de la charge électrique : pour une désintégration radioactive, la charge électrique du noyau père est égale à la somme de la charge électrique du noyau fils et de celle de la particule émise.
- loi de conservation du nombre total de nucléons : pour une désintégration radioactive, le nombre de nucléons du noyau père est égale à la somme du nombre de nucléons du noyau fils et de celui la particule émise.

L'équation d'une désintégration α s'écrit en deux étapes dans le cas d'une émission de rayonnement γ.

$$^A_ZX \rightarrow {}^{A-4}_{Z-2}Y^* + {}^4_2He \quad \text{et} \quad {}^{A-4}_{Z-2}Y^* \rightarrow {}^{A-4}_{Z-2}Y + \gamma$$

Equation d'une désintégration radioactive β⁻

Elle est spécifique aux noyaux possédant trop de neutrons : les noyaux β⁻ recherchent la stabilité en transformant un de leurs neutrons en un proton en émettant un électron ;

$$^1_0n \rightarrow {}^1_1P + {}^0_{-1}e$$

L'équation d'une désintégration β⁻ s'écrit en deux étapes dans le cas d'une émission de rayonnement γ :

$$^A_Z X \rightarrow {}^A_{Z+1} Y^* + {}^0_{-1}e \quad \text{et} \quad {}^A_{Z+1} Y^* \rightarrow {}^A_{Z+1} Y + \gamma$$

Equation d'une désintégration β+

Elle est spécifique aux noyaux possédant trop de protons ( au-dessous de la vallée stabilité dans le cas d'un diagramme (Z,N) et au-dessus, dans un diagramme (N,Z) ) : les noyaux β⁺ recherchent la stabilité en transformant un de leurs protons en un neutron en émettant un positon ;

$$^1_1 P \rightarrow {}^1_0 n + {}^0_{+1}e$$

L'équation d'une désintégration β⁺ s'écrit en deux étapes dans le cas d'une émission de rayonnement γ :

Activité instantanée

L'activité A(t) à une date t, appelée activité instantanée est définie comme suit :

$$A(t) = \lim_{\Delta t \to 0} \left( -\frac{\Delta N}{\Delta t} \right) = -\frac{dN}{dt}$$

**Loi de décroissance radioactive**

Une population moyenne de noyaux radioactifs identiques décroît au cours du temps selon la loi statistique, appelée loi de décroissance radioactive, qui s'exprime comme suit :

$$N(t) = N_0 e^{-\lambda t} = N_0 \exp(-\lambda t)$$

où :

- N(t) représente le nombre moyen de noyaux non désintégrés à la date t;
- No représente le nombre moyen de noyaux non désintégrés à la date t =0 ;

- $\lambda$, appelée constante radioactive ou constante de désintégration est caractéristique de la nature du noyau radioactif : $\lambda$ est exprimée en $s^{-1}$.

**Relation entre l'activité et le nombre de noyaux radioactifs**

L'activité instantanée A(t) est liée au nombre moyen N (t) de noyaux radioactifs identiques non désintégrés à la date t par la relation :

$A(t) = \lambda\, N(t)$

où $\lambda$ est la constante radioactive caractéristique des noyaux radioactifs.

**Décroissance de l'activité**

L'activité d'une source radioactive décroît suivant une loi analogue à la loi de décroissance radioactive de la population moyenne des noyaux de la source de constante radioactive $\lambda$ :

$A(t) = Ao\, e^{-\lambda.t} = Ao\, \exp(-\lambda.t)$

où Ao représente l'activité de la source à la date t = 0.

Equation différentielle vérifiée par N(t)

Le nombre moyen N(t) de noyaux radioactifs, identiques,non désintégrés à la date t, vérifie l'équation différentielle :

$$\frac{dN}{dt} = -\lambda\, N(t)$$

# Exercices : Radioactivité

## Exercice N° 1 :

Equilibrer les réactions nucléaires suivantes : indiquer les particules manquantes et préciser les nombres de masse et numéro atomiques de chacune d'entre elles :

$^{31}P$ + neutron $\rightarrow$ $^{30}P$ + ?

$^{16}O$ + ? $\rightarrow$ $^{14}N$ + particule α

$^{12}_{5}B$ $\rightarrow$ ? + particule β

$^{234}_{90}T$ $\rightarrow$ $^{230}_{88}Ra$ + ?

$^{137}_{56}Ba$ $\rightarrow$ $^{137}_{56}Ba^*$ + ?

$^{210}_{82}Pb$ $\rightarrow$ $^{210}_{83}Bi$ + ?

$^{210}_{84}Po$ $\rightarrow$ ? + $^{206}_{82}Pb$

$^{5}_{10}B$ + ? $\rightarrow$ $^{1}_{0}n$ + $^{13}_{7}N$

$^{13}_{7}N$ $\rightarrow$ ? + $^{13}_{6}C$

$^{226}_{88}Ra$ $\rightarrow$ ? + $^{222}_{86}Rn$

## Exercice N° 2 :

La période de désintégration β⁻ du carbone 14 est de $5,7.10^3$ ans

- Ecrire la réaction de désintégration de carbone 14.
- Calculer la constante de désintégration λ.
- Calculer le temps au bout duquel les 90% de l'élément carbone se sont désintégrés.

**Exercice N°3 :**

Calculer l'énergie libérée par le processus suivant :

$${}_{1}^{1}H + {}_{1}^{3}T \rightarrow {}_{2}^{4}He$$

On donne $m_H$ = 1.00730 g , $m_T$ = 3.01604 g , $m_{He}$ = 4.00260 g

**Exercice N°4 :**

Compléter les réactions nucléaires suivantes :

$${}_{6}^{14}C \rightarrow ? + {}_{7}^{14}N$$

$${}_{8}^{15}O \rightarrow ? + {}_{7}^{15}N$$

$${}_{88}^{224}Ra \rightarrow ? + {}_{86}^{220}Rn$$

**Exercice N°5 :**

La période de désintégration α du Radium 226 ($_{88}^{226}Ra$) est de 1620 années

1) Ecrire la réaction de désintégration
2) Calculer la constante de désintégration λ
3) Calculer le temps au bout duquel les 80 % de l'élément de Radium se sont désintégrés

## Corrigé : Radioactivité

**Exercice 1 :**

$^{31}P + ^{1}_{0}n \rightarrow\ ^{30}P + 2^{1}_{0}n$

$^{16}O + ^{2}_{1}D \rightarrow\ ^{14}N + \alpha\ (^{4}_{2}He)$

$^{12}_{5}B \rightarrow\ ^{12}_{4}X + \beta^{+}\ (^{0}_{+1}e)$ ou $^{12}_{6}X + \beta^{-}\ (^{0}_{-1}e)$

$^{234}_{90}T \rightarrow\ ^{230}_{88}Ra + ^{4}_{2}\alpha$

$^{137}_{56}Ba \rightarrow\ ^{137}_{56}Ba^{*} + \gamma$

$^{210}_{82}Pb \rightarrow\ ^{210}_{83}Bi + ^{0}_{-1}\beta$

$^{210}_{84}Po \rightarrow\ ^{4}_{2}He + ^{206}_{82}Pb$

$^{10}_{5}B + ^{4}_{2}He \rightarrow\ ^{1}_{0}n + ^{13}_{7}N$

$^{13}_{7}N \rightarrow\ ^{0}_{-1}\beta + ^{13}_{6}C$

$^{226}_{88}Ra \rightarrow\ ^{4}_{2}He + ^{222}_{86}Rn$

**Exercice 2 :**

a/ $^{14}_{6}C \rightarrow\ ^{14}_{7}N + ^{0}_{-1}e\ (\beta^{-})$

b/ $\tau = \dfrac{Ln\ 2}{\lambda}$   A.N   $\lambda = \dfrac{Ln2}{5,7.1000} = 12,16.10^{-5}$

c/ $N_0 = 100\%$

$N = (100 - 90)\% = 10\%$

On a $Ln\dfrac{N_0}{N} = \lambda\tau$  donc  $t = \dfrac{1}{\lambda} Ln\dfrac{N_0}{N}$

A.N   $t = \dfrac{1}{12.16 \cdot 10^{-5}} * \text{Ln } \dfrac{100}{10}$

$t = 18{,}93 \cdot 10^3$ ans.

**Exercice N°3** :

Relation d'Einstein

$$\Delta E = \Delta m c^2$$

$$\Delta E = (m_1^1 H + m_1^3 T + m_2^4 He) c^2$$

$$\Delta E = (1.00730 + 3.01604 - 4.0026) \cdot 10^{-3} (3 \cdot 10^8)^2$$

$$\Delta E = 18.66 \cdot 10^{11} \text{ kg} \cdot m^2 \cdot s^{-1} \text{ ou } 18.66 \cdot 10^{11} \text{ Joules}$$

**Exercice N°4** :

$^{14}_{6}C \quad \rightarrow \quad ^{\ 0}_{-1}e \ + \ ^{14}_{7}N$

$^{15}_{8}O \quad \rightarrow \quad ^{\ 0}_{+1}e \ + \ ^{15}_{7}N$

$^{226}_{88}Ra \quad \rightarrow \quad ^{4}_{2}He \ + \ ^{222}_{86}Rn$

**Exercice N°5** :

La période de désintégration α du Radium 226 ( $^{226}_{88}Ra$ ) est de 1620 années

1)   La réaction de désintégration

$^{226}_{88}Ra \quad \rightarrow \quad ^{4}_{2}He \ + \ ^{222}_{86}Rn$

2)   La constante de désintégration λ

$$\tau = \frac{Ln\,2}{\lambda} \quad \rightarrow \quad \lambda = \frac{Ln\,2}{\tau}$$

AN: $\lambda = \dfrac{0.69}{1620} = 42.59 \cdot 10^{-5}\ ans^{-1}$

3)   Le temps au bout duquel les 80 % de l'élément de Radium se sont désintégrés

$N_0 = 100\ \%$

N à l'instant t = 100 – 80 20 %

On a alors $Ln\,\dfrac{N_0}{N} = \lambda\,\tau$   donc   $t = \dfrac{1}{\lambda}\,Ln\,\dfrac{N0}{N}$

t = 3.77 $10^3$ ans

# Rappels : Chimie organique - Nomenclature

La chimie organique est la chimie des composés du carbone. La nomenclature est un ensemble de règles permettant de nommer, de façon univoque, un composé donné en précisant l'enchaînement de ses atomes de carbone, ainsi que la nature et la position des différentes fonctions qu'il renferme. La nomenclature est élaborée par un organisme international : l'Union Internationale de Chimie Pure et Appliquée (UICPA) ou en anglais International Union of Pure and Applied Chemistry (IUPAC).

I) Les hydrocarbures

1) Les hydrocarbures linéaires

Leur nom comporte :

a) Un *préfixe* numérique correspondant au nombre n d'atomes de carbone :

n = 1 méth...
n = 2 éth...
n = 3 prop...
n = 4 but...
n = 5 pent...
n = 6 hex...
n = 7 hept...
n = 8 oct...
n = 9 non...
n = 10 dec..

b) Un *suffixe* indiquant le degré d'insaturation (liaisons multiples ou cycle) du carbone :

- **ane** pour un hydrocarbure saturé (alcane).
- **ène** pour une double liaison (alcène).
- **yne** pour une triple liaison (alcyne).

Le suffixe désignant une liaison multiple est précédé si nécessaire, d'un nombre (écrit entre deux tirets) précisant la position de celle-ci sur la chaîne :

CH₃-CH=CH₂ : propène (numéro inutile car aucune ambiguïté)

CH₃-CH₂-C≡C-CH₃ : pent-2-yne (on commence à numéroter par la droite)

CH₃-CH=CH-CH=CH₂ : pent-1,3-diène (on commence à numéroter à droite)

Règle générale : les atomes de carbone de la chaîne principale sont numérotés de façon à ce que l'indice (ou les indices) de la (ou des) fonction(s) soi(en)t le(s) plus bas possible(s).

2) Les hydrocarbures cycliques

a) Non aromatiques

Leur nom est constitué du préfixe "cyclo ", suivi du nom de l'hydrocarbure linéaire comportant le même nombre d'atomes de carbone et les mêmes doubles liaisons :

Exemples :

Cyclohexane                        Cyclopent-1,3-diène = Cyclopentadiène

b) Aromatiques

Ils possèdent, en général, des noms consacrés par l'usage, y compris certains de leurs dérivés substitués.

Exemples :

   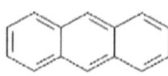   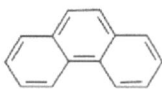   

Benzène        Anthracène         Phénanthrène        Toluène

### 3) Groupes dérivant des hydrocarbures (*groupes alkyles*)

Ce sont des morceaux de molécules (notés R) obtenus en enlevant un atome d'hydrogène à l'un des atomes d'un alcane ou d'un cyclane. On obtient ainsi le groupe **alkyle** ou cycloalkyle dont le nom s'obtient en remplaçant le suffixe " **ane** " par " **yle** " dans le nom de l'alcane ou du cyclane :

$CH_3-$ : méthyle (Me)
$C_3H_7-$ : propyle (Pr)
$CH_3(CH_2)_5-$ : hexyle
$C_6H_{11}-$ : cyclohexyle (dérivé du cyclohexane)

## Exercices : Nomenclature

**Exercice N° 1 :**

D'après la nomenclature officielle, nommer les composés suivants :

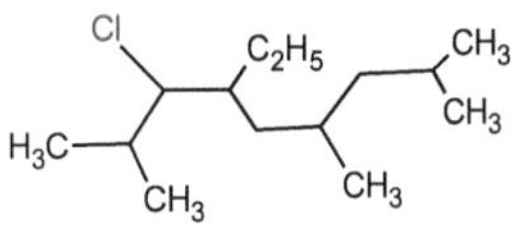

a)

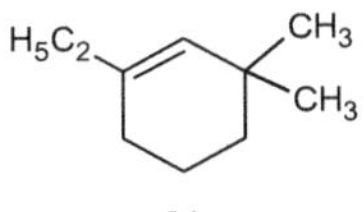

b)

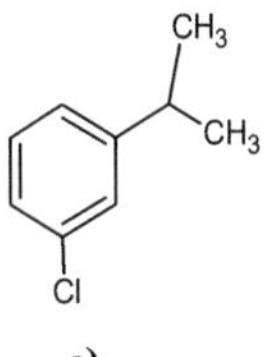

c)

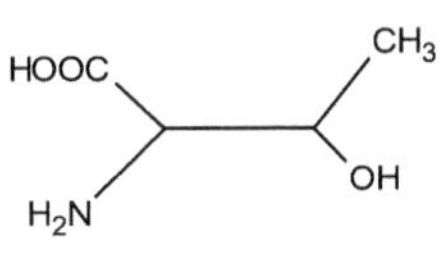

d)

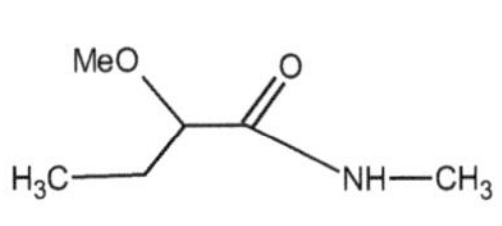

e)

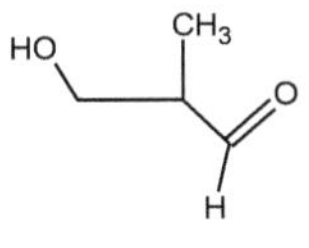

f)

g) $H_3C-NH-C_2H_5$

h) $H_3C-\equiv CH$

**Exercice N° 2 :**

Représenter les structures des composés suivants :

a/ 3-éthyl-4-méthylpent-2ène
b/ 5-n-propylbenzeène-1,3-diol.
c/ 5-oxoheptanoate d'éthyle.
d/ Acide 3-chloro-2-aminopropanoique
e/ 5-méthylhex-3-énal
f/ 6-chloro-1,5-dihydroxyhex-3-èn-2-one
g/ N, N-diméthyl-4-amino butan-2-ol

**Exercice N° 3 :**

Donner un exemple d'isomérie de position et de fonction dans la molécule suivante :

$$CH_3 - CO - CH_2 - CH_2 - CH_3$$

**Exercice N° 4 :**

Identifier les groupements fonctionnels des composes suivants :

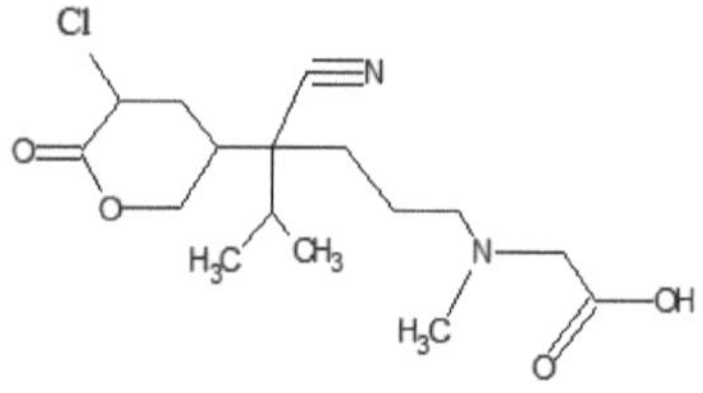

a)

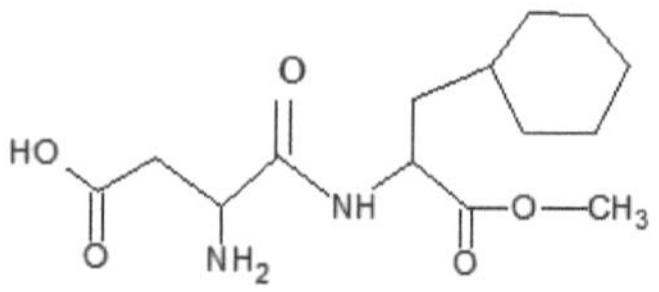

b)

## Exercice N°5 :

Donner des exemples de composés possédant les fonctions indiquées ci-dessous :

| Un alcane cyclique | Une amine secondaire | Un acide aromatique hydroxylé |
|---|---|---|
| Une cétone insaturée | Un amino-alcool | Un acide aminé |
| Un alcool tertiaire | Un céto-acide | Polyol |

## Exercice N°6 :

Un composé A est un acide à chaîne linéaire, il a pour formule brute $C_4H_5ClO_2$

a) Calculer le nombre d'insaturation de l'acide A

b) Proposer toutes les formules développées planes des acides à chaîne linéaire qui correspondent à cette formule brute

c) Retrouver la formule développée plane de A sachant qu'il ne possède qu'un seul carbone asymétrique.

## Exercice N°7 :

Représenter les structures des composés suivants :

a) 3-éthyl-4-méthylpent-2-ène
b) 5-n-propylbenzène-1,3-diol
c) 5-oxoheptanoate d'éthyle
d) Acide 3-chloro-2-amino propanoïque
e) 5-méthylhex-3-énal
f) 6-chloro-1,5-dihydroxyhex-3-èn-2-one
g) N,N-diméthyl-4-amino butan-2-ol

**Exercice 8** :

Donner les noms en nomenclature officielle des composés suivants :

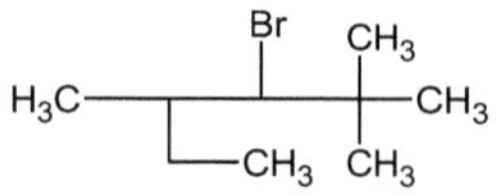

a) 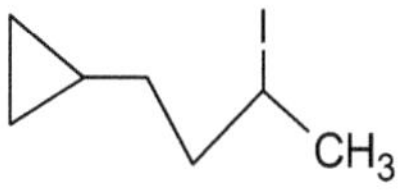   b) 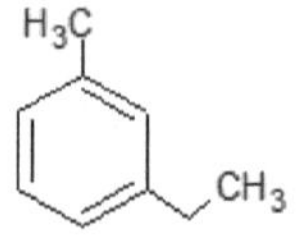   c) 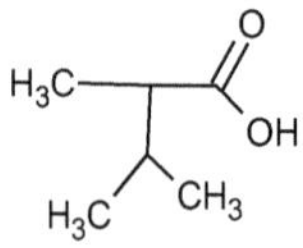   d)

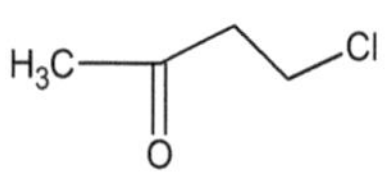

e) 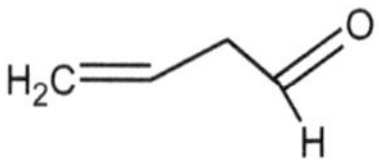   f) 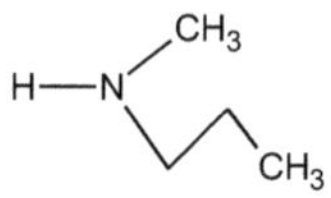   g)

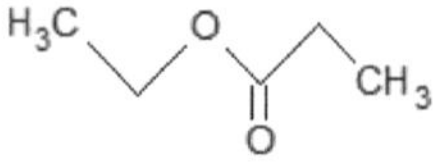

h)    i) 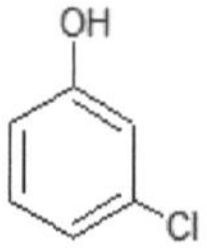   j)

**Exercice N° 9** :

Ecrire les formules développées des composés suivants et dire si les noms proposés sont corrects :

a) Diméthyl-2,4 pentanol-1
b) Cyclo hexanone
c) Acide -2,3 diéthyl pentanoïque
d) Propanoate de propyl
e) 3-éthyl but-3-ène

f) 2-bromo 2-phényl éthane
g) Méthoxy propane
h) Ethyl butylamine
i) 2-méthyl hexan-4-one

**Exercice N°10 :**

Nommer les composés suivants selon l'I.U.P.A.C

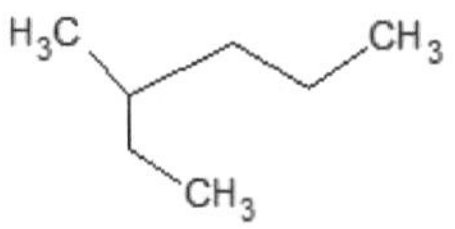

a)

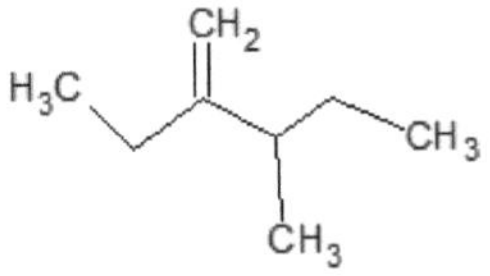

b)

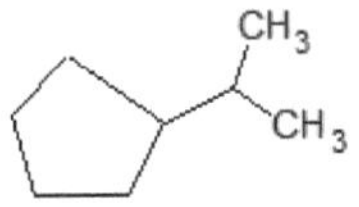

c)

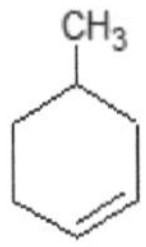

d)

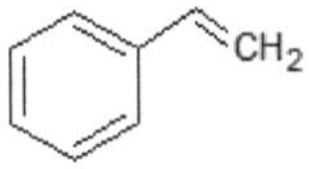

e)

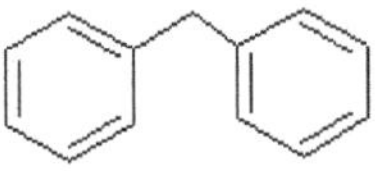

f)

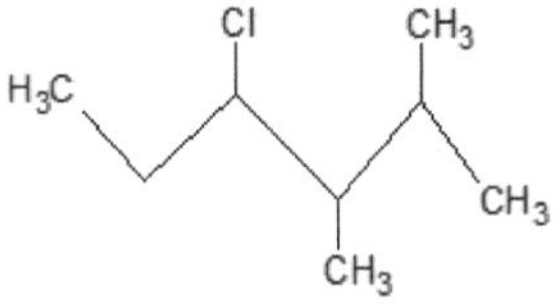

g)

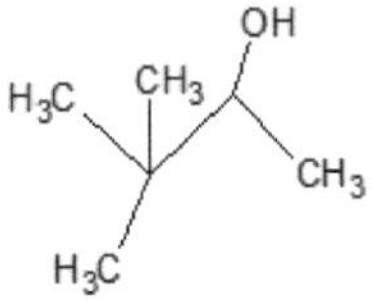

h)

i)

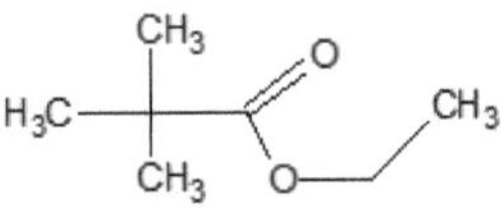

j)

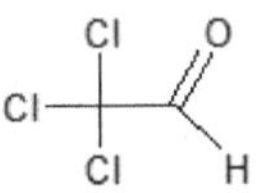

k)

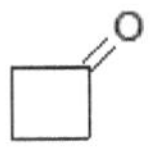

l)

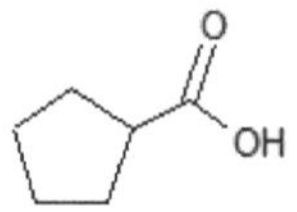

m) cyclopentane-COOH    n) H₂C=CH-CH₂-Cl    o) H₃C-CH=CH-CH₂-Cl

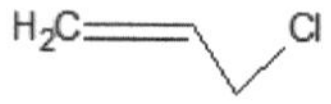

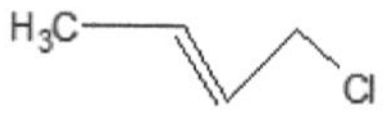

**Exercice N° 11 :**

Ecrire les formules semi-développées des composes suivants :

a) Hexa-1,5 diène-3-yne
b) Chlorure de cyclopentyle
c) Oxyde de -3-chloropropène (époxy)
d) Alcool éthènylique (vinylique)
e) p-chlorotoluène
f) chlorure d'acéthyle ( éthanoyle)
g) acetonitrile
h) Acide O-benzoylbenzoïque
i) N-méthylacétamide
j) m-chlorobenzonitrile
k) p-nitrosodiméthylaniline

**Exercice N° 12 :**

Donner la structure correspondant aux noms suivants et corriger les noms incorrects.

a) 3,3-diméthyl pen-2 ène
b) 2-chloro,-4-méthyl pent-3 ène
c) Bromure de benzene magnesium
d) Dimethyl sodium
e) p-chloro amino cyclohexane
f) Acide O benzene dibenzoïque
g) Diphényl methylene
h) Diphényl ammoniac
i)

# Corrigé : Nomenclature

## Exercice N° 1 :

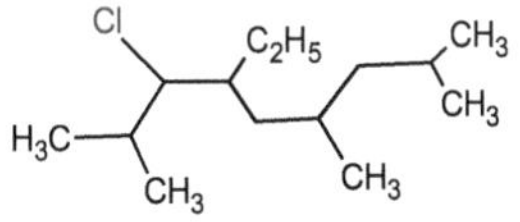


a) 3-chloro-4-éthyl-2,6,8-triméthyl nonane.

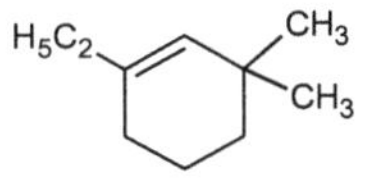


b) 1-éthyl-3,3-diméthyl cyclohexène

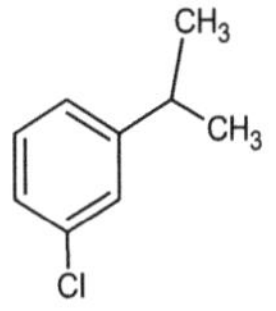


c) méta chloroisopropyl benzène

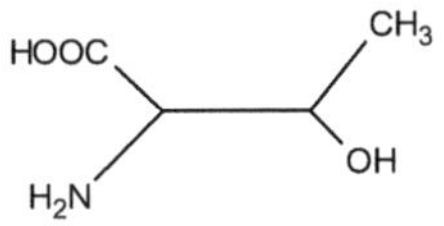


d) acide 2-amino-3-hydroxybutanoique

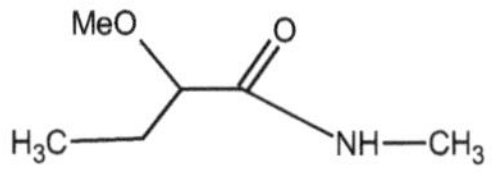


e) N-méthyl-3-hydroxy pentanamide

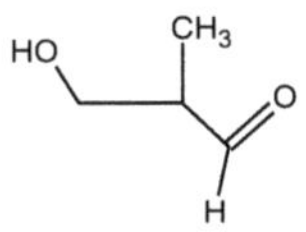


f) 2,3-dihydroxy propanal

$H_3C-NH-C_2H_5$

g) N-méthyl éthylamine

$H_3C-\equiv CH$

h) propyne

**Exercice N° 2 :**

a / 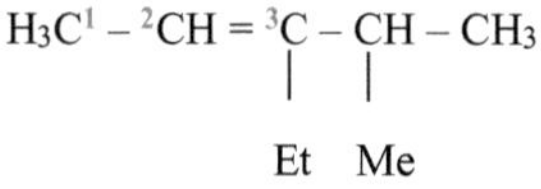
H3C1 – 2CH = 3C – CH – CH3
Et Me

b/ 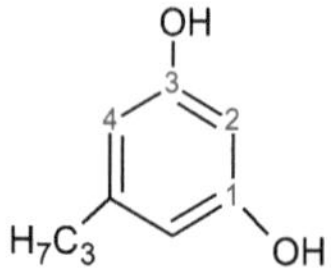
OH
H7C3
OH

c / 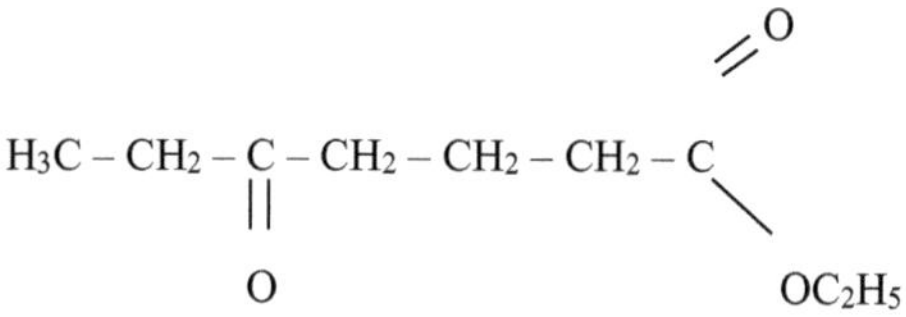
H3C – CH2 – C – CH2 – CH2 – CH2 – C
O
O
OC2H5

d / 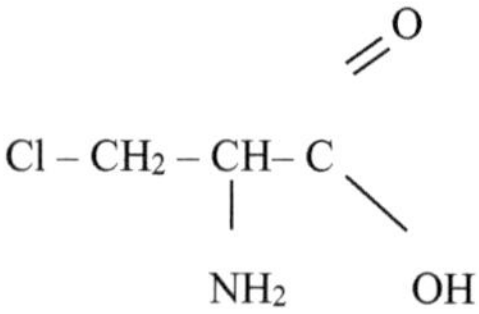
Cl – CH2 – CH– C
O
NH2
OH

e / 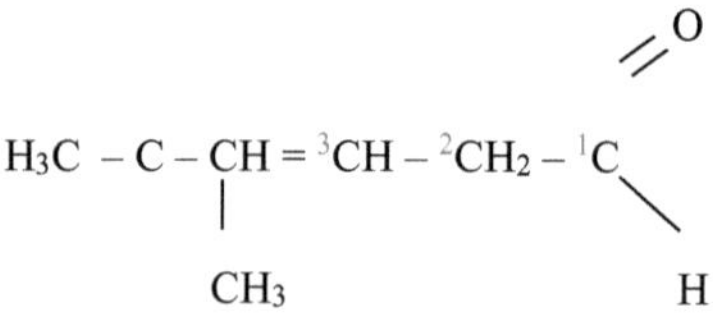
H3C – C – CH = 3CH – 2CH2 – 1C
O
CH3
H

f / 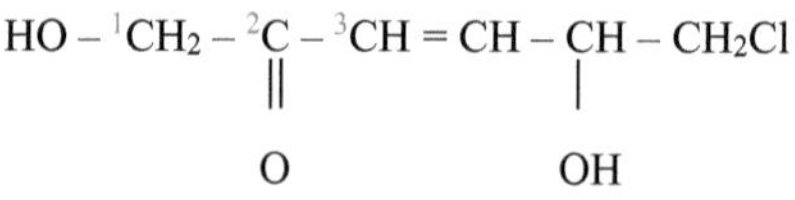
HO – 1CH2 – 2C – 3CH = CH – CH – CH2Cl
O
OH

g / 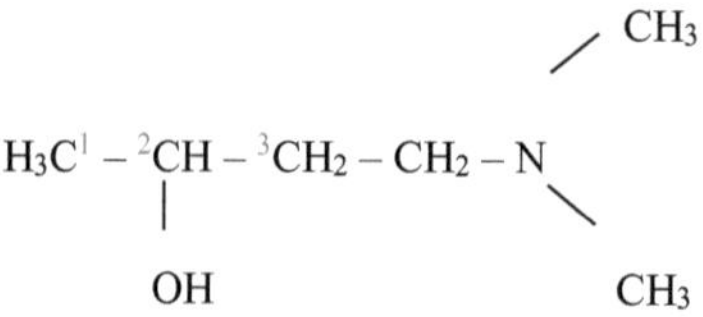
H3C1 – 2CH – 3CH2 – CH2 – N
CH3
OH
CH3

**Exercice N° 3:**

$$H_3C-\overset{\overset{O}{\|}}{C}-CH_2-CH_2-CH_3$$

a) *Isomère de chaine* : $CH_3 - \underset{\underset{O}{\|}}{C} - \underset{\underset{CH_3}{|}}{CH} - CH_3$

b) *Isomère de position* : $CH_3 - CH_2 - \underset{\underset{O}{\|}}{C} - CH_2 - CH_3$

c) *Isomère de fonction* :

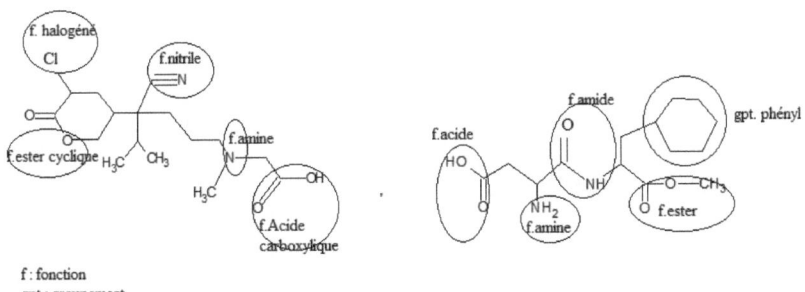

**Exercice N° 4 :**

f : fonction
gpt : groupement

**Exercice N° 5 :**

Exemples de composés possédant les fonctions indiquées l'énoncé :

63

| Un alcane cyclique | Une amine secondaire | Un acide aromatique hydroxylé |
|---|---|---|
| H₃C—⟨cyclopentane⟩—CH₃ | H₃C–NH–CH₃ | HO–C₆H₄–COOH |
| Une cétone insaturée | Un amino-alcool | Un acide aminé |
| H₂C=CH–C(=O)–CH₃ | H₂N–CH₂–CH₂–OH | H₃C–CH(NH₂)–COOH |
| Un alcool tertiaire | Un céto-acide | Polyol |
| (CH₃)₃C–OH | CH₃–C(=O)–CH₂–COOH | H₃C–CH(OH)–CH(OH)–CH(OH)–CH₃ |

## Exercice N°6 :

Le composé A est un acide à chaîne linéaire a pour formule brute $C_4H_5ClO_2$

a)     Nombre d'insaturation de l'acide A

Rappel : pour    $C_aH_bO_cN_dX_e$

Le nombre d'insaturation $NI = \dfrac{(2a+2-e)-(b-d)}{2}$

Pour $C_4H_5ClO_2$ on a $NI = \dfrac{(2.4+2-1)-5}{2} = 2$

b)     Les formules développées planes des acides à chaîne linéaire qui correspondent à cette formule brute sont :

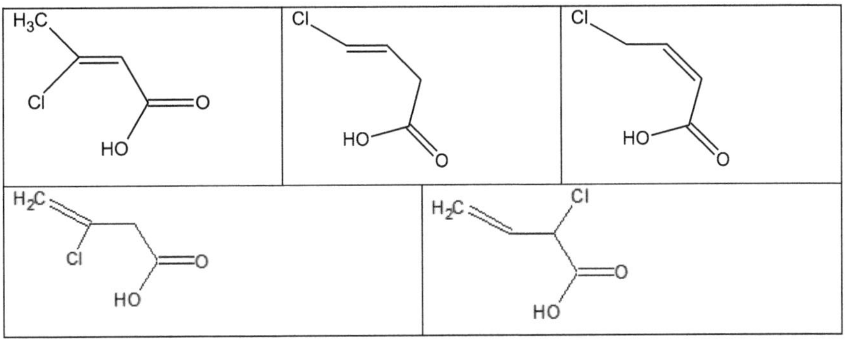

c)   La formule développée plane de A possèdant un seul carbone asymétrique:

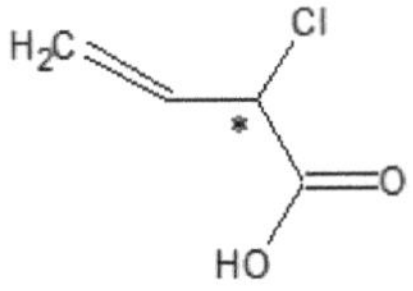

## Exercice N°7 :

Représenter les structures des composés suivants :

a)   3-éthyl-4-méthylpent-2-ène
b)   5-n-propylbenzène-1,3-diol
c)   5-oxoheptanoate d'éthyle
d)   Acide 3-chloro-2-amino propanoïque
e)   5-méthylhex-3-énal
f)   6-chloro-1,5-dihydroxyhex-3-èn-2-one
g)   N,N-diméthyl-4-amino butan-2-ol

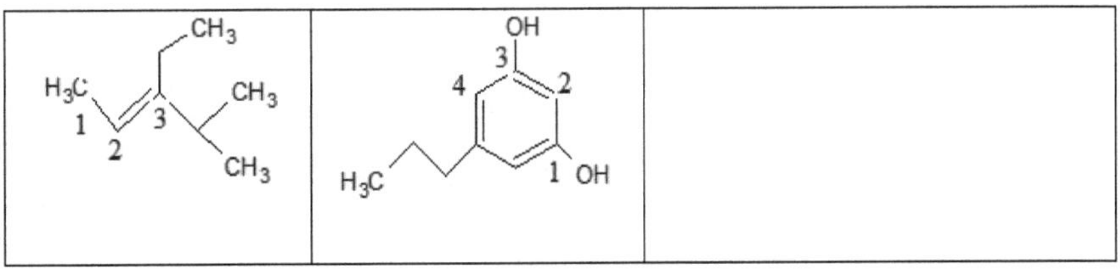

| | | |
|---|---|---|
| a) | b) | 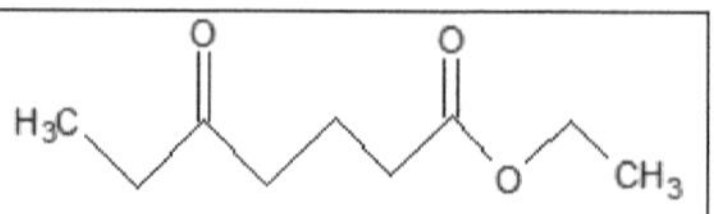 c) |
| 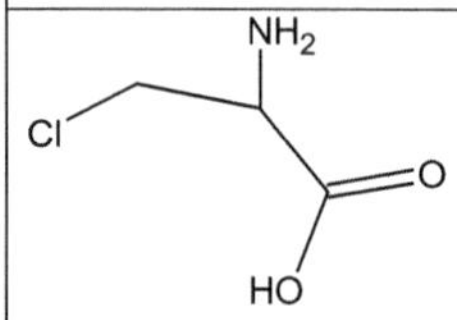 d) | 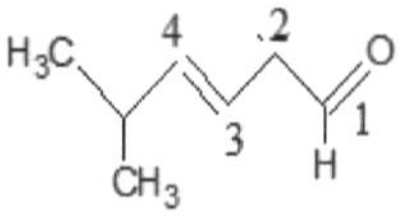 e) | |
| 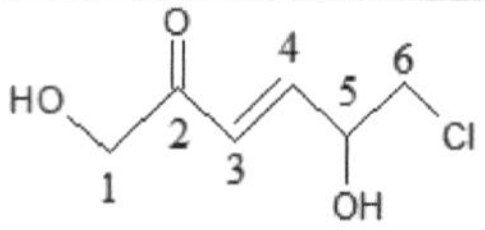 f) | 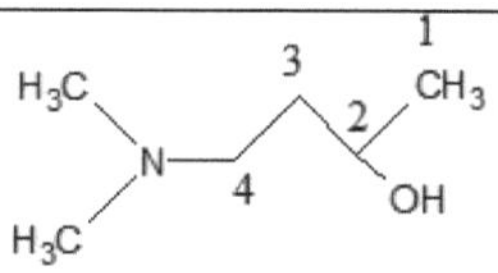 g) | |

**Exercice N° 8** :

Les noms en nomenclature officielle

a) 3-bromo 2,2,4-triméthyl hexane

b) 2-iodo 4-cyclopropyl butane

c) Méta éthyl méthyl benzène

d) Acide 2-isopropyl propanoïque

e) 4-chloro but-2-one

f) 3-ène butanal

g) Méthyl propylamine

h) Propanoate d'éthyl

i) Méhyl propyl éther

j) Méta chloro phenol

**Exercice N° 9 :**

Les formules développées des composés sont :

a) Diméthyl-2,4 pentanol-1
b) Cyclo hexanone
c) Acide -2,3 diéthyl pentanoïque
d) Propanoate de propyl
e) 3-éthyl but-3-ène
f) 2-bromo 2-phényl éthane
g) Méthoxy propane
h) Ethyl butylamine
i) 2-méthyl hexan-4-one

| 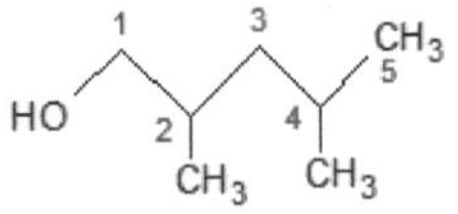 a) Nom correct | 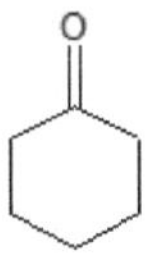 b) Nom correct | 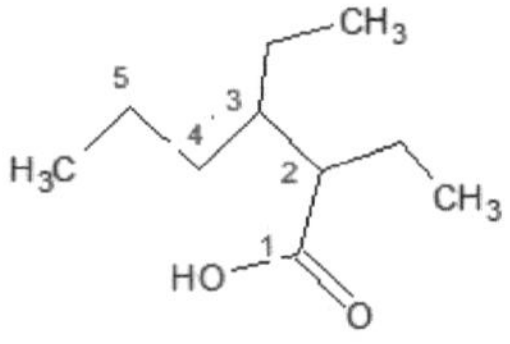 c) Nom correct |
|---|---|---|
| 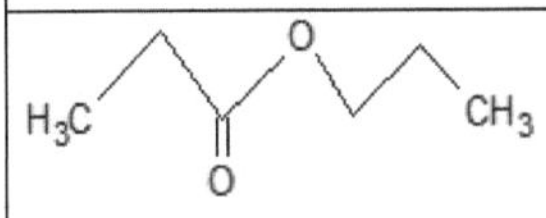 d) Nom correct | 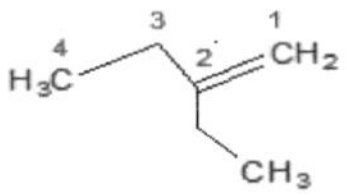 | 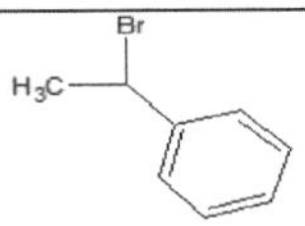 |

| | e) 2-éthyl but-1-ène | f) 1- bromo, 1-phényl éthane |
|---|---|---|
| 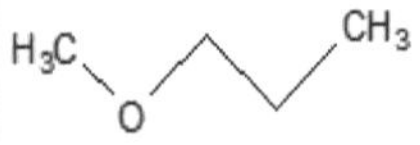 g) H₃C−O−CH₂−CH(CH₃)−    Nom correct | 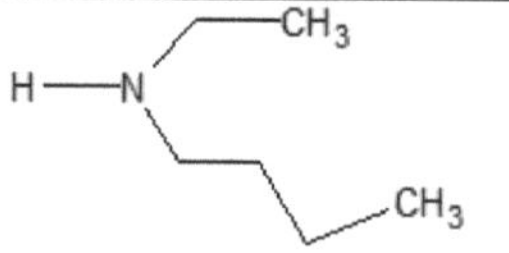 h) H−N(CH₂CH₃)(CH₂CH₂CH₃)    Nom correct | 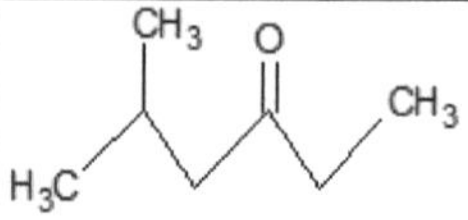 i) (CH₃)₂CH−CO−CH₂CH₃    Me hex-3-one |

**Exercice N°10 :**

Les noms des composés selon l'I.U.P.A.C sont :

a)     3-méthyl hexane
b)     2-éthyl, 3-méthyl but-1 ène
c)     Isopropyl cyclopentane (ou 2-cyclopenthyl propane)
d)     4-méthyl cyclohexène
e)     Ethenyl benzène (ou vinyl benzène), phényl éthène (phényl éthylène)
f)     Diphényl méthane (ou phényl toluène)
g)     3-chloro, 4,5-diméthyl hexane
h)     2-hydroxy 3,3-diméthyl butane (3,3-diméthyl butane-2 ol)
i)     Ethylate de sodium
j)     2,2-diméthyl propanoate d'éthyl
k)     Ethanal trichloré (aldéhyde trichloroéthylique)
l)     Cyclobutanone
m)    Acide cyclopentane carboxylique
n)     3-chloro prpène (ou chlorure d'allyle)
o)     1-chloro but-2 ène

Remarque : dans le cas o) l'halogène (Cl) n'est prioritaire que si la double liaison a le même numéro dans les deux sens.

**Exercice N° 11 :**

Les formules semi-développées des composes sont :

| | | |
|---|---|---|
|  a) | 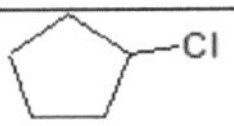 b) | 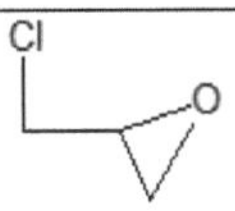 c) |
| 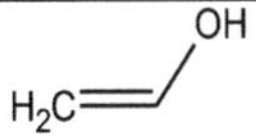 d) | 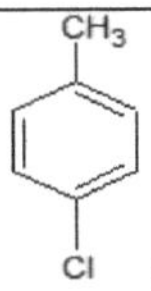 e) | 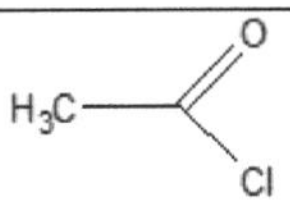 f ) |
| 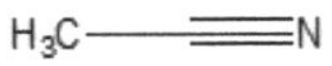 g) | 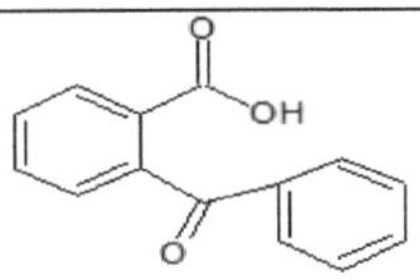 h) | 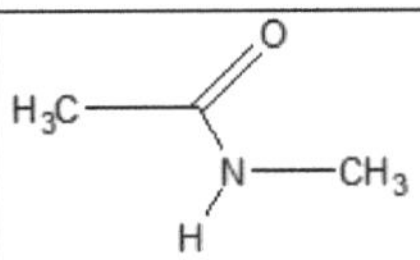 i) |
| 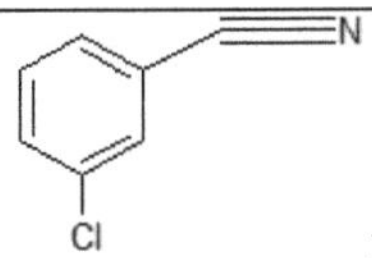 j) | 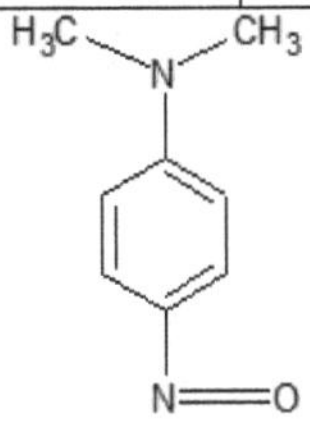 k) | |

**Exercice N° 12** :

Donner la structure correspondant aux noms suivants et dire pourquoi les noms sont incorrects, donner le nom correct.

| | | |
|---|---|---|
| 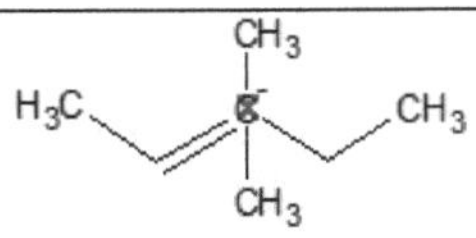 a) incorrecte, carbone pentavalent | b) 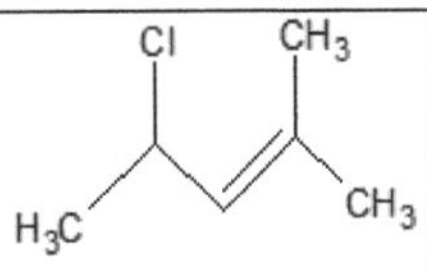 | |

| | 4-chloro,2-méthyl pent-2 ène | c) Bromure de phenyl magnesium |
|---|---|---|
| d) Dimethyl sodium | d) chloro amino cyclohexane | e) Acide phtalique |
| f) Diphényl méthane | | g) N-phenyl aniline ou diphenylamine |

## Rappels : Stéréochimie

**Définition de la stéréochimie**

Le préfixe stéréo veut dire volume, la stéréochimie est synonyme de chimie dans l'espace car une molécule a une forme et des dimensions, elle est souvent à 3 dimensions, donc elle possède une architecture spécifique. La stéréochimie met l'accent sur deux aspects ; statique et dynamique.

La stéréochimie statique : la molécule n'est pas rigide et sa forme peut changer avec la température ou la nature des substituants.

La stéréochimie dynamique : concerne la réactivité des molécules

1. **Les différents modes de représentation des composés organiques**

Si le terme isomère désigne des composés de formules développées différentes, le terme stéréoisomères désigne des molécules de même constitution mais avec des géométries différentes. C'est-à-dire les positions différentes des groupements par rapport au carbone central.

Du fait du caractère tétraédrique du carbone, le problème d'une structure tridimensionnelle se pose, diverses méthodes sont utilisées pour résoudre ce problème.

a) **représentation de CRAM**

$$B-\overset{A}{\underset{D}{C}}\cdots E \qquad E\cdots\overset{A}{\underset{D}{C}}-B$$

b) **la représentation en perspective** est utilisée lorsque la molécule possède deux centres asymétriques

c) **représentation de Newman**

**Cas d'un carbone** : on regarde la molécule le long de l'axe CH

Et on projette les 3 autres liaisons sur un plan perpendiculaire à l'axe CH, le carbone est alors représenté par un cercle et les trois liaisons émergent du centre du cercle.

**Cas de deux carbones :**

On regarde la molécule selon l'axe C-C et on projette les autres liaisons sur le plan perpendiculaire à l'axe. Les liaisons attachées à l'atome de devant sont représentées par des lignes allant vers le centre, les liaisons de l'atome de derrière s'arrêtent au bord du cercle. Il existe plusieurs représentations, les plus utilisées sont :

position décalée        position éclipsée

### d) représentation de Fischer

Cette représentation permet de présenter les molécules spatiales en deux dimensions, il faut respecter certaines conventions :

- Sur la verticale on représente par un trait plein la chaîne carbonée la plus longue, on place vers le haut le carbone le plus oxydé.
- Sur l'horizontale, en trait plein on représente les liaisons qui sont dirigées vers l'avant.

$$\triangleleft \longrightarrow \quad HO\overset{COOH}{\underset{H}{-C-}}CH_3 \longrightarrow \quad HO-\overset{COOH}{\underset{CH_3}{|}}-H$$

# Exercices : Stéréochimie

**Exercice N° 1 :**

Indiquer la configuration absolue R ou S des carbones asymétriques des composés suivants :

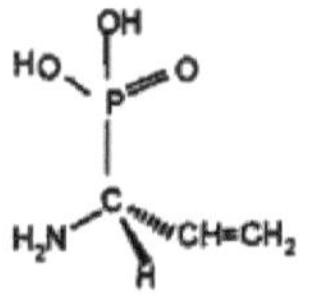

a) [structure avec HO, P=O, OH, H$_2$N, C, CH=CH$_2$]

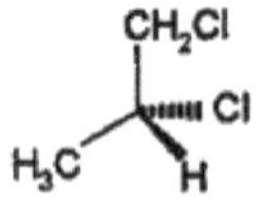

b) [structure avec CH$_2$Cl, Cl, H$_3$C, H, COOH]

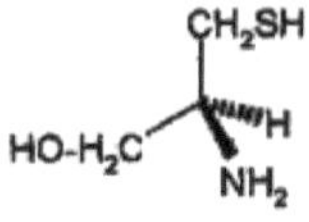

c) [structure avec CH$_2$SH, H, HO-H$_2$C, NH$_2$]

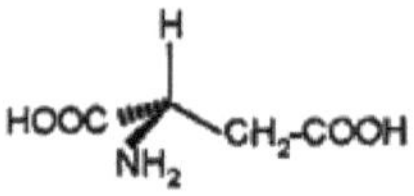

d) HOOC–C(H)(NH$_2$)–CH$_2$–COOH

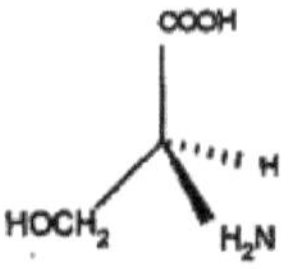

e) [structure avec HOCH$_2$, H, H$_2$N]

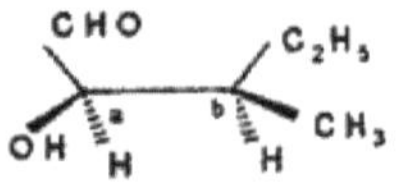

f) [structure avec CHO, OH, H, C$_2$H$_5$, CH$_3$, H]

**Exercice N° 2 :**

Quelle est la relation stéréochimique (énantiomère-diastérioisomère) qui existe entre a, b et c dans la molécule de tétrose.

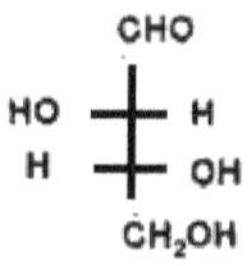

a)
```
    CHO
HO ─┼─ H
 H ─┼─ OH
    CH₂OH
```

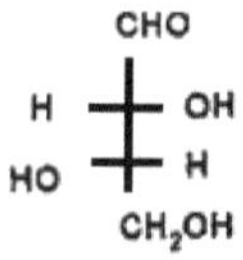

b)
```
    CHO
 H ─┼─ OH
HO ─┼─ H
    CH₂OH
```

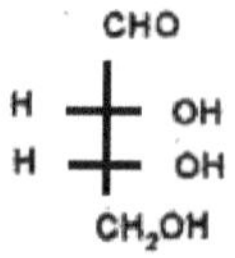

c)
```
    CHO
 H ─┼─ OH
 H ─┼─ OH
    CH₂OH
```

**Exercice N° 3 :**

Représenter suivant Fisher les énantiomères des composés suivants, en précisant leur configuration D ou L.

Etablir la configuration absolue ou relative correspondante.

a)   CH$_3$ – CHOH – COOH (acide lactique)

b) $CH_3 - CHNH_2 - COOH$ (alanine)
c) $CH_2OH-CHOH-COOH$ (acide glycérique)
d) $CH_2OH-CHNH_2-COOH$ (sérine)

**Exercice N° 4 :**

L'acide glutamique E et la proline F

$$HOOC(CH_2)_2CHCOOH$$
$$|$$
$$NH_2$$

E

F

Sont deux acide α-aminés qui interviennent dans la séquence de la globine, polypeptide participant à la structure de l'hémoglobine du sang. Les acides E et F, extraits des hydrolysats protéiques, appartient à la série L.

a) Représenter en projection de Fisher l'acide glutamique. Quelle est la configuration absolue du carbone asymétrique de cet acide ?
b) Représenter en convention de Cram la R-proline

**Exercice N°5 :**

I) Voici quelques couples de molécules pour lesquels :

a) b) c) d)

e) f) g) h)

1) Indiquer la relation (diastérioisomère, isomère de conformation, isomère de constitution ou énantiomère) présente dans chaque paire de molécules.
2) La molécule a) est-elle chirale ? la molécule e) est-elle chirale ? justifier

3) Déterminer la configuration absolue du carbone asymétrique dans la molécule e).

II) Donner la configuration des carbones asymétriques des molécules g) et h) suivantes :

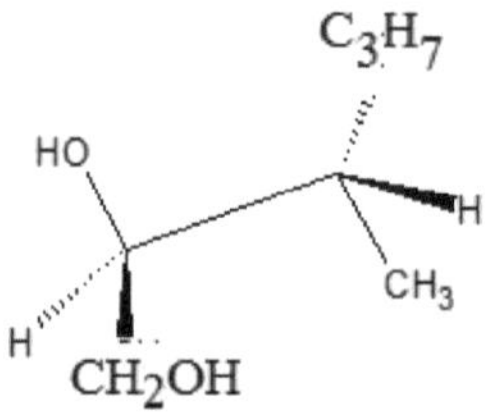

g)

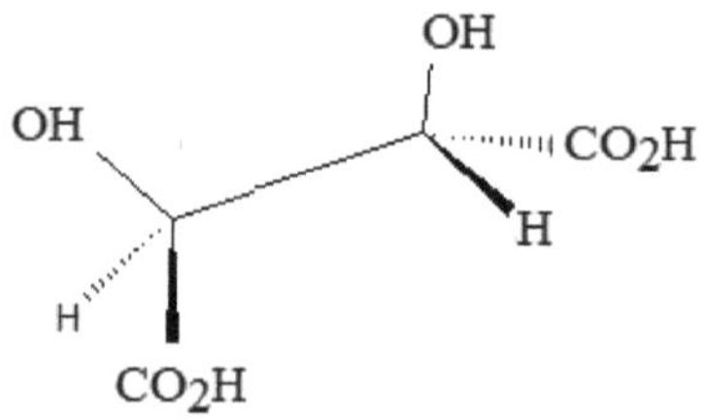

h)

**Exercice N°6 :**

L'acide tartrique ou acide 2,3-hydroxybutanoïque a pour formule semi développée HOOC-CHOH-COOH.

1) Représenter, selon la représentation conventionnelle de Fisher, le couple d'énantiomère de ce composé; établir les configuration R, S des carbones asymétriques.
2) Existe-t-il un $3^{ième}$ stéréoisomère ? si oui, dire s'il est actif.

**Exercice N°7 :**

La molécule ci-dessous est un hydroxythioester. La configuration absolue du $C_3$ ou carbone β obtenue est S. Représenter cette molécule avec les conventions de Cram et Newman.
R : $-(CH_2)_{12} - CH_3$.

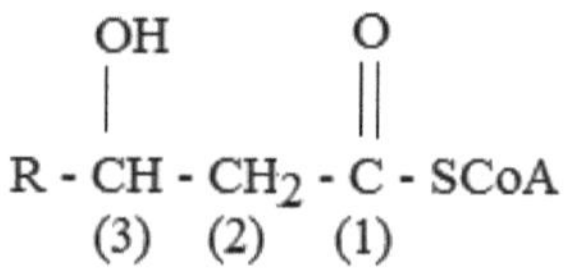

$$R - \underset{(3)}{\overset{OH}{CH}} - \underset{(2)}{CH_2} - \underset{(1)}{\overset{O}{C}} - SCoA$$

**Exercice N°8 :**

La molécule suivante est un dipeptide l'alanyl-glycine.

$$H_2N - CH - CO - HN - CH_2 - CO_2H$$
$$\phantom{H_2N - }|$$
$$\phantom{H_2N -}CH3$$

Représenter selon la projection de Cram et Fisher les stréoisomères.

**Exercices N°9 :**

1) Donner la formule semi-développée du composé 3 – chloro- 2,4,5-trihydroxypentanal.
2) Combien d'isomères correspondent à cette formule.
3) Représenter selon la représentation conventionnelle de Fisher l'isomère de configuration absolue 2R,3S,4R

**Exercice N° 10 :**

L'odeur caractéristique du champignon est issue notamment de la présence de la molécule (A) présentant une fonction alcool et une insaturation.

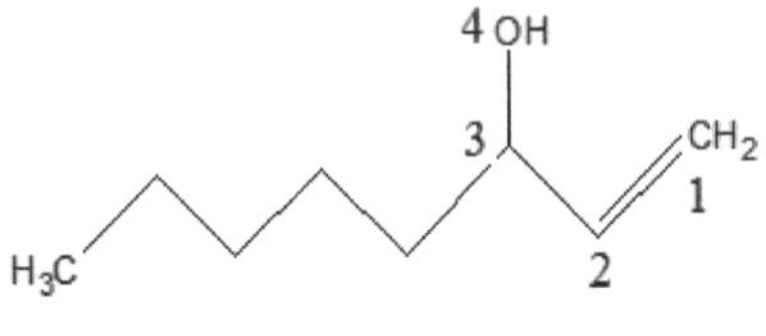

a) Cette molécule possède-t-elle des carbones asymétriques ?
b) Quel est le degré d'hybridation des atomes 1,2 et 3 ?
c) Donner une représentation de Cram de cette molécule, indiquer s'il y a lieu la configuration absolue ou relative R,S du ou des carbones.

**Exercice N°11 :**

Le persil est cultivé depuis l'antiquité, son odeur caractéristique est due à la molécule suivante, le 1,3,8-menthatriène.

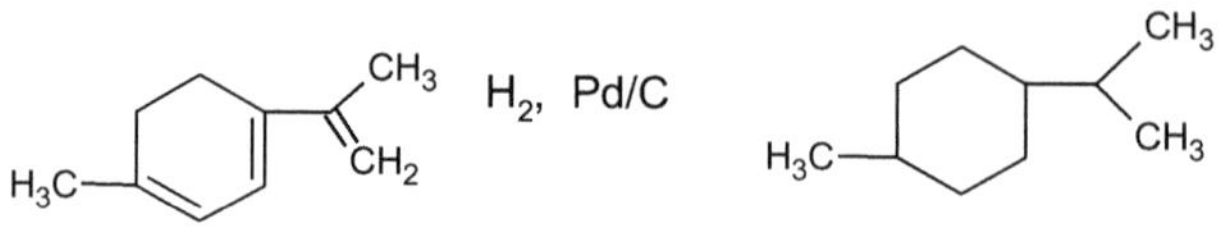

1,3,8-menthatriène    A

a) Cette molécule possède-t-elle des carbones asymétriques ?
b) Quel est le degré d'hybridation des carbones 1 et 3 et quelle structure adopte ces deux carbones ?

**Exercice N° 12 :**

On considère la molécule organique suivante :

$CH_3CH\ CH\ C\ C_2H_5\ CH_3\ OH\ C\ CH_3\ CH(CH_3)_2$

a) Quel type d'isoméries y trouve-t-on ?
b) Donner pour chaque type les différents isomères

**Exercice N° 13 :**

Donner la configuration relative des molécules suivantes :

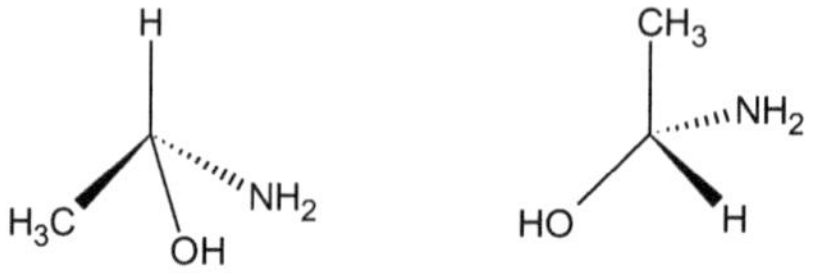

Quelle est la conclusion ?

**Exercice N°14 :**

On considère le composé (A) suivant :

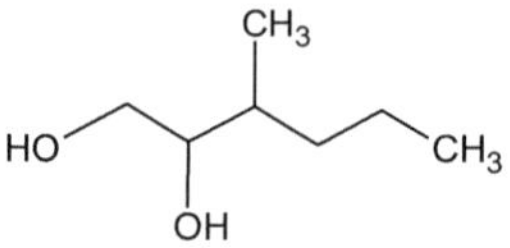

a)  Nommer le composé (A)
b)  Représenter en projection de Cram le stéréoisomère (A) de configuration absolue (2S, 3R)
c)  Représenter en projection de Fisher le même stéréoisomère. En déduire sa configuration relative

## Corrigé : Stéréochimie

**Exercice N° 1 :**

a)

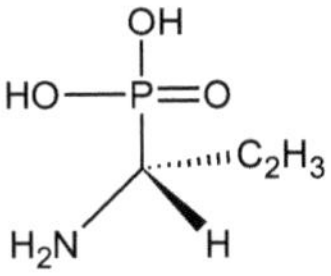

```
        OH
        |
HO——P=O
       /⋮⋯C₂H₃
      /
  H₂N   H
```

$H_2PO_3 > NH_2 > CH=CH_2 > H$   ordre de priorité des substituants

donc → **R**

b)

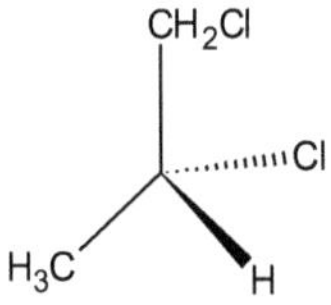

```
       CH₂Cl
       /⋮⋯Cl
      /
  H₃C   H
```

$Cl > CH_2Cl > CH_3 > H$ → **R**

c)

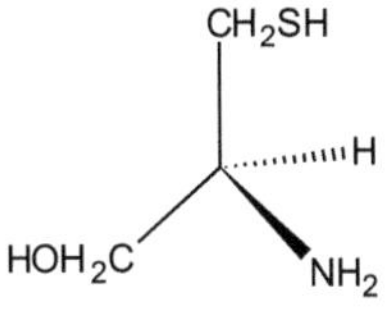

```
       CH₂SH
       /⋮⋯H
      /
HOH₂C   NH₂
```

$NH_2 > CH_2SH > CH_2OH > H$ → **S**

d)

e)

$NH_2 > CO_2H > CH_2CO_2H > H \rightarrow$ **S**

$NH_2 > CO_2H > CH_2OH > H \rightarrow$ **S**

f)

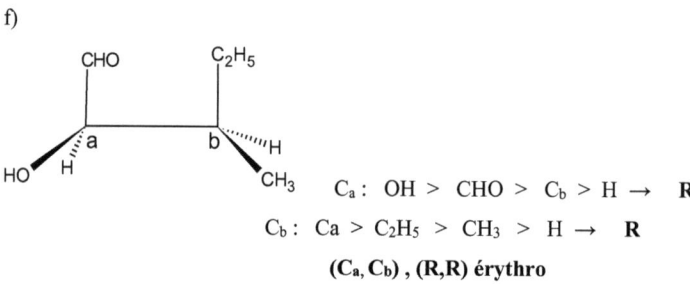

$C_a$ :  OH > CHO > $C_b$ > H → **R**

$C_b$ :  $C_a$ > $C_2H_5$ > $CH_3$ > H → **R**

**($C_a$, $C_b$) , (R,R) érythro**

**Exercice N°2 :**

(a et b) → couple d'énatiomères
(a et c) → couple de diastérioisomères
(b et c) → couple de diastérioisomères

**Exercice N°3 :**
a)   Acide lactique

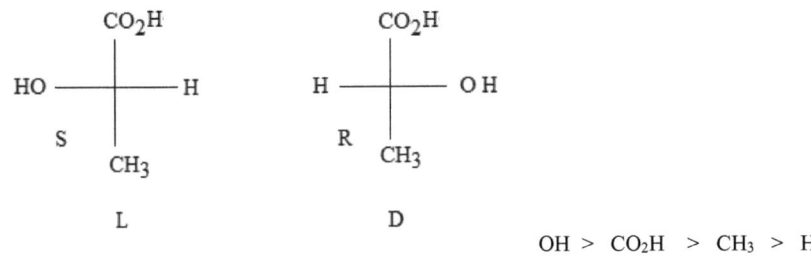

OH > CO₂H > CH₃ > H

b) Alanine

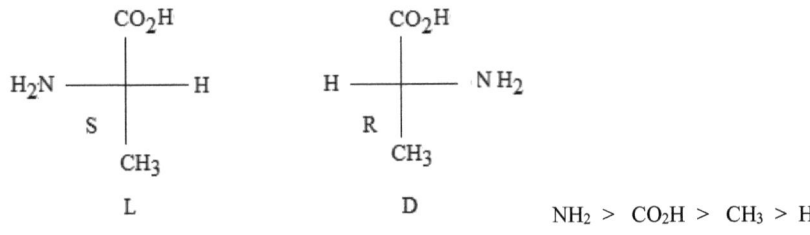

NH₂ > CO₂H > CH₃ > H

c) Acide glycérique

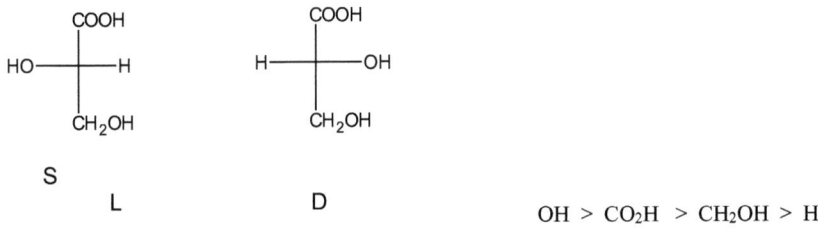

OH > CO₂H > CH₂OH > H

d) Sérine

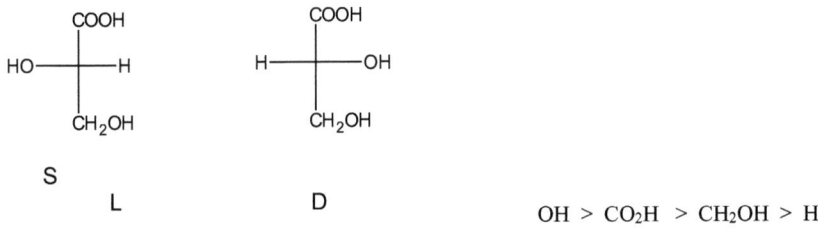

NH₂ > CO₂H > CH₂OH > H

**Exercice N° 4 :**

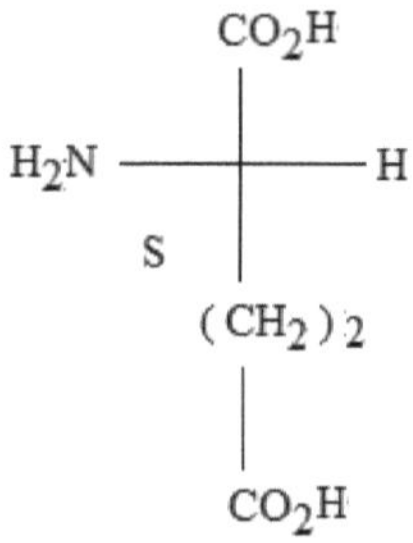

$$\begin{array}{c}
\text{CO}_2\text{H} \\
\text{H}_2\text{N} \underset{\text{S}}{\overset{|}{\longrightarrow}} \!\!\!\!\!\! - \text{H} \\
|\\
(\text{CH}_2)_2 \\
| \\
\text{CO}_2\text{H}
\end{array}$$

$NH_2 > CO_2H > (CH_2)_2CO_2H > H$

**Exercice N°5** :

I a) : ( a, b) : couple de diastérioisomères

( c et d) : isomères de constitution (même formule brute mais des formules développée différentes)

( e et f) : énatiomères

( g et h) : isomères de conformation (identiques)

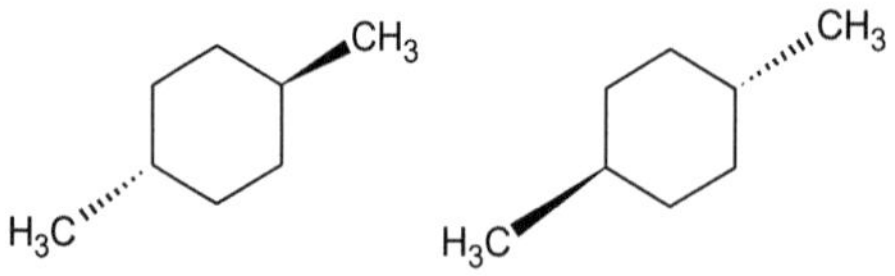

Cette écriture plane du cyclohexane simplifie la
        Visualisation

I b) : La molécule a) n'est pas chirale (pas de carbone asymétrique) la molécule e) est chirale (carbone asymétrique).

I c) : Ordre de priorité : $NH_2 > CH_2SH > CO_2H > H$

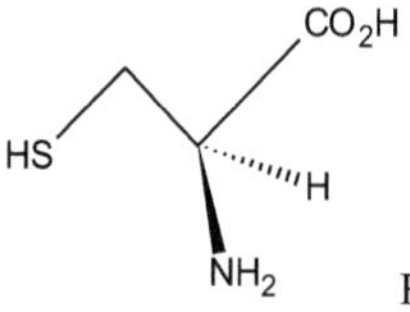

R

II

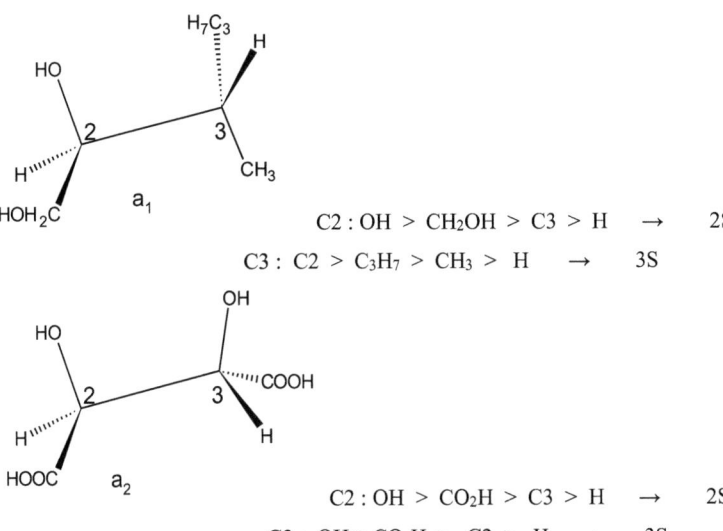

C2 : OH > CH₂OH > C3 > H  →  2S
C3 : C2 > C₃H₇ > CH₃ > H  →  3S

C2 : OH > CO₂H > C3 > H  →  2S
C3 : OH > CO₂H > C2 > H  →  3S

**Exercice N°6** :

1) Ordre de priorité est :

**OH > CO₂H > C3 > H**

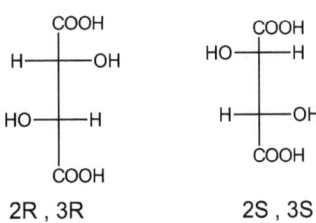

2R , 3R      2S , 3S

2) Oui il existe un 3 ième isomère, c'est la forme méso de l'acide tartrique. Cette forme n'est pas active car il y a un plan de symétrie horizontal entre le C2 et C3.

2S , 3R

**Exercice N°7 :**

R = -(CH$_2$)$_{12}$ – CH$_3$     Ordre de priorité :  **OH > CH$_2$COSCoA > R > H**

**Exercice N°8 :**

Ordre de priorité : NH$_2$ > CONHCH$_2$CO$_2$H > CH$_3$ > H

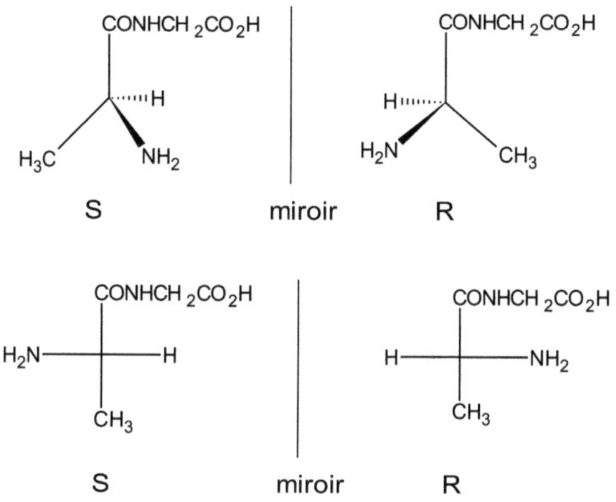

**Exercice N°9 :**

1) CH$_2$OH-*CHOH-C*HCl-CHOH-CHO
2) $2^3 = 8$
3) **C2 : OH > C3 > CHO > H**
   **C3 : OH > C3 > CH$_2$OH > H**

**Exercice N°10** :

a) Cette molécule présente un carbone asymétrique en position 3.

b) Carbone 1 et 2 : hybridation $sp^2$
Carbone 3 et 4 : hybridation $sp^3$

c)

Ordre de priorité : OH > CHCH$_2$ > C$_5$H$_{11}$ > H

**Exercice N°11** :

a) La molécule A ne possède aucun carbone asymétrique
b) Les carbones 1 et 3 sont hybridés sp$^2$
Les deux carbones présentent trois liaisons σ donc ils adopgtent une géométrie triangulaire plane.

**Exercice N°12** :

Formule brute est : $C_{12}H_{24}O$

1) Les différents types d'isoméries :

- Isoméries de chaine :

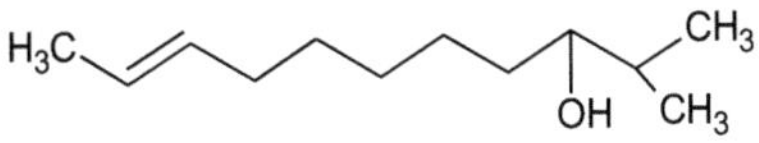

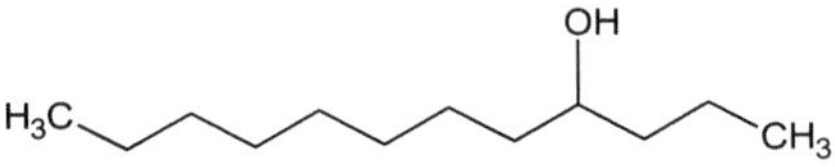

- Isoméries de fonction : fonction oxygénée univalente → fonction dérivée ether – oxyde

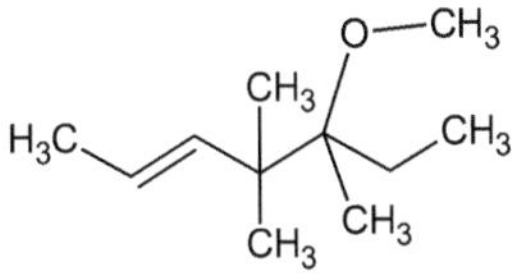

- Isomérie de position : La fonction hydroxy change de position, on la trouve en position 4, 6, 7

c) Spatiale : Il y'a 2 carbones asymétriques → 4 isomères optiques (R,R) ; (R,S) ; (S,R) ; (S,S).

**<u>Exercice N°13</u>** :

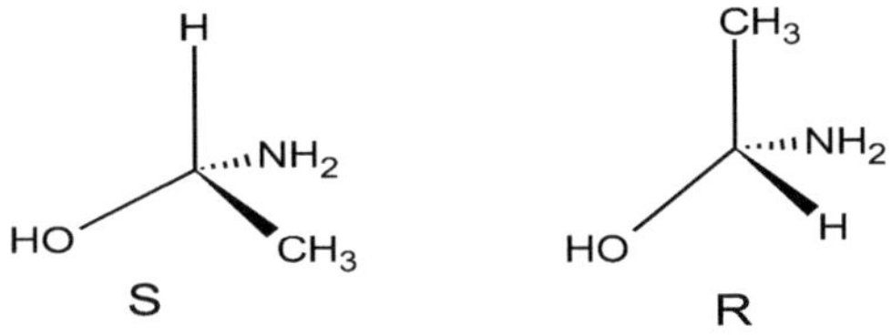


Conclusion : il s'agit d'une paire d'énantiomères

# Rappel : Effets électroniques

**I / Introduction**

Le but est de présenter des méthodes simples pour rendre compte qualitativement des déplacements électroniques et de l'apparition des charges partielles ($\pm \delta$) au niveau des atomes. Un même groupe fonctionnel peut présenter une réactivité sensiblement différente suivant son environnement. Deux effets seront étudiés séparément ; **l'effet inductif** qui s'applique uniquement aux **liaisons σ**

**L'effet mésomère** qui s'applique aux **liaisons π**

**I-1/ Notion de polarisation des liaisons**

Une covalence pure : se caractérise essentiellement par une symétrie de la répartition électronique ex : Cl-Cl ; O=O

Une liaison ionique : se caractérise par le transfert d'électrons de l' atome le moins électronégatif vers l'atome le plus électronégatif       ex : $Na^+$ , $Cl^-$

Entre ces deux extrêmes, tous les intermédiaires sont possibles notamment quand il y a une différence d'électronégativité entre atome ex : $CH_3Cl$  on a alors  $CH_3$ ---- $Cl$ .

Une telle **liaison est dite polarisée**

$$CH_3^{+\delta} \text{---} Cl^{-\delta}$$

**I-2/ Effets inductifs (ou inducteurs)** agissent sur le nuage électronique de la liaison σ

Dans ce cas nous avons 2 cas : effet inductif attracteur ou capteur (d'électrons) noté **-I**

effet inductif donneur (d'électrons) noté **+I**

| Groupements ou substituants à effet donneur inductif +I | Groupements ou substituants à effet attracteur inductif -I |
|---|---|
| Ce sont les métaux (électropositifs) et les alkyls : <br><br> 1/ Li > Na > K > Mg > Al <br><br> (le Li et Na sont les plus donneurs) <br><br> 2/ $R_3C$ > $R_2CH$ > $RCH_2$ > $CH_3$ > H <br><br> $(CH_3)_3C$ > $(CH_3)_2CH$ > $C_2H_5$ > $CH_3$ > H <br><br> Le groupement tertiobutyl est plus donneur que les autres <br><br> Exemple : <br><br> $CH_3$ ---- $MgBr$     $CH_3$----$OH$ <br><br> -δ     +δ           +δ    -δ | 1 / $^+NR_3$ ; $^+OR_2$ ; $^+SR_2$ (les atomes chargés ont un effet inductif capteur plus fort que les atomes non chargés) <br><br><br><br> 2 / $NO_2$, $SO_2R$, $CN$, $SO_2Ar$, $CO_2H$, $OAr$, $CO_2R$, $OR$, $OH$, $Ar$. <br><br><br> 3 / Halogènes : F > Cl > Br > I |

**Effets inductifs et longueur de chaîne**

- L'effet inductif s'atténue avec la longueur de la chaîne carbonée
- Les effets inductifs sont cumulatifs (ils s'additionnent)

**I-3/ Effets mésomères ou résonance** Ils s'appliquent aux liaisons π

Le but de la mésomérie est de rendre compte de la délocalisation du nuage π ainsi que de l'apparition de charges partielles liées à cette délocalisation.

Plusieurs formules classiques, **appelées formes limites ou formes mésomères** sont écrites séparés par une double flèche : on dira que le composé a simultanément les propriétés de toutes ces formes limites.

Ex : cas du benzène ou le chlorure de vinyle ci-dessous :

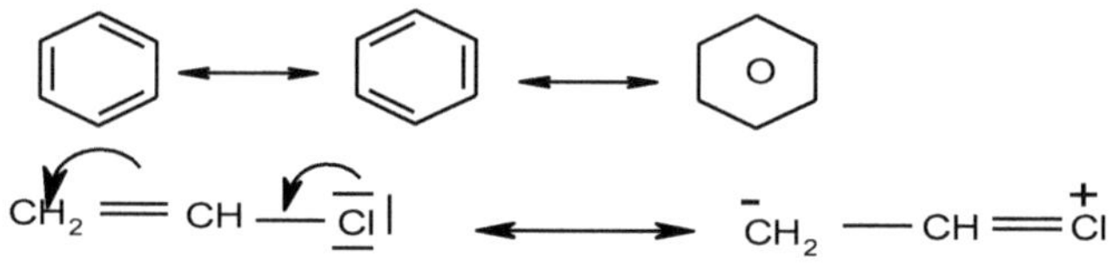

$$\underset{}{\bigcirc} \longleftrightarrow \underset{}{\bigcirc} \longleftrightarrow \underset{}{\bigcirc}$$

$$CH_2 = CH - \underline{Cl} \longleftrightarrow \overset{-}{C}H_2 - CH = \overset{+}{Cl}$$

Comme dans le premier type,

- Effet inductif attracteur ou capteur noté **–M**
- Effet inductif donneur (d'électrons) noté **+M**

| Groupements à effet donneur mésomère +M | Groupements à effet attracteur inductif –M |
|---|---|
| $C^-$, N, O, X      X : halogène | |
| F > Cl > Br > I | |
| $O^-$ > OR > OH | |
| $NR_2$ > $NH_2$ ( une amine secondaire a un effet mésomère donneur plus important qu'une amine primaire) | $NO_2$, COR, $CO_2R$, NO, $CONR_2$, CHO, $CO_2H$, CONHR, $SO2R$, $CONH2$, Ar, CN, |
| Remarque : Il faut qu'il y est une charge négative ou doublet libre pour permette un effet donneur +M. | |

Important : Les effets mésomères l'emportent toujours sur les effets inductifs

# Exercices : Effets électroniques

**Exercice N° 1 :** Donner les formes limites de résonance des entités suivantes :

a-

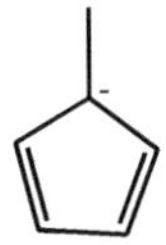

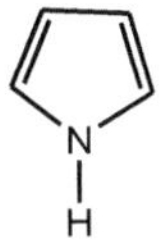


b-

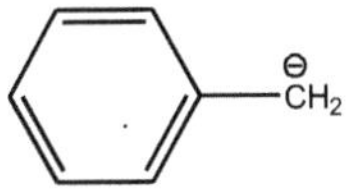


$^{+}CH_2 - CH = CH - CH - O\ CH_3$

Cation benzyle

**Exercice N° 2:** Classer par ordre d'acidité décroissante les acides carboxyliques suivants :

a/ $NO_2 - CH_2 - COOH$

b/ $Cl - CH_2 - COOH$

c/ $C(CH_3)_3 - CH_2 - COOH$

d/ $OH - CH_2 - COOH$

e/ $C_2H_5 - CH_2 - COOH$

f/ $CH_3 - COOH$

g/ $NH_2 - CH_2 - COOH$

**Exercice N° 3:** Comparer l'acidité des alcools suivants :

cyclohexanol et phénol

**Exercice N° 4:** Comparer la basicité des amines suivantes :

a1/ cyclohexyl-NH₂ et a2/ phényl-NH₂

b1/ CH₃CH₂NH₂ et b2/ OHCH₂CH₂NH₂

## Corrigé : Effets électroniques

**Exercice N° 1:**

a/

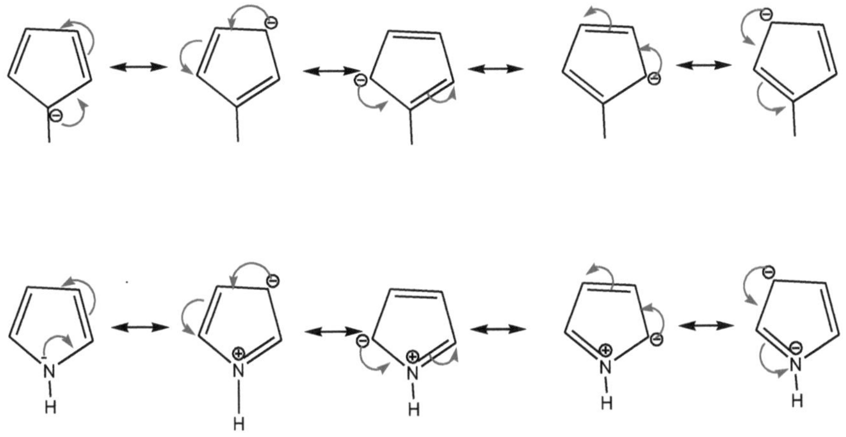

b/

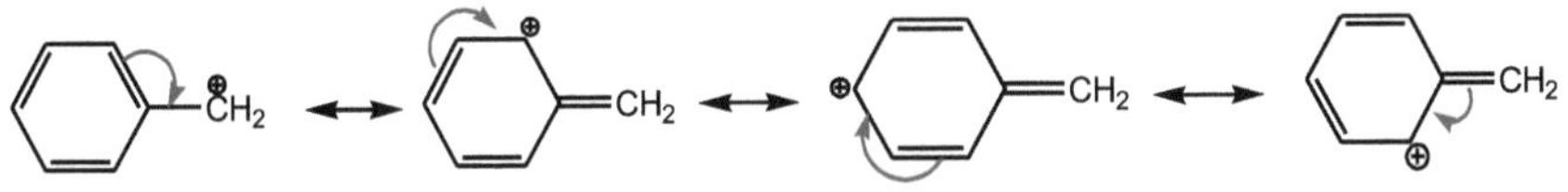

c/ $^+CH_2 - CH = CH - O - CH_3 \leftrightarrow H_2C = CH - {}^+CH - O - CH_3 \leftrightarrow H_2C = CH - CH - {}^+O\,CH_3$

**Exercice N° 2:**

Les effets attracteurs (-I et –M) augmentent l'acidité car ils favorisent et augmente la polarisation de la liaison O – H par conséquent la libération du $H^+$.

Les effets donneurs (+I et +M) diminuent l'acidité car la liaison O – H se retrouve renforcée.

L'effet attracteur inductif : $NO_2$ > Cl > OH > $NH_2$

L'effet donneur inductif : C(CH$_3$)$_3$ > C$_2$H$_5$ > CH$_3$

Le classement d'acidité croissante est donc le suivant : a > b > d > g > f > e > c

**Exercice N° 3:**

- Les alcools ont une très faible acidité.

- Un alcool est d'autant plus fort que son alcoolate est stabilisée.
- Les phénols sont plus acides que Les alcools à cause de la stabilisation du phénolate

$$phOH \rightleftarrows phO^- + H^+$$

**Exercice N° 4:**

Contrairement aux acides, les effets donneurs augmentent la basicité et les effets attracteurs diminuent la basicité.

Plus le doublet des amines est disponible plus il est basique en vu de capter H$^+$.

- a1 est plus basique que a2 car dans a2 le doublet n'est pas libre.

- b1 est plus basique que b2 car dans b1 l'éthyle a un effet donneur +I donc il augmente la densité électronique de l'azote ce qui fait augmenter sa basicité, alors que dans b2 le groupement hydroxyle exerce son effet –I donc il fait diminuer la densité électronique de l'azote donc il diminue sa basicité.

# Rappels : Réactions chimiques

## I/ Introduction

Une réaction consiste à rompre certaines liaisons et en forme de nouvelles. Elle se produit lorsque des réactifs mis en présence les uns par rapport aux autres dans certaines conditions (T°, catalyse) se transforme en un système plus stable que les réactifs (produits de départ).

### I-1/Quelques définitions

**Un réactif :** Est une substance minérale ou organique de faible poids moléculaire que l'on fait réagir sur le substrat.

**Un substrat :** Est un composé organique sur lequel se fera la réaction. Il y aura rupture de liaison et formation d'une nouvelle sur cette molécule.

**Un nucléophile Nu :** Est une espèce riche en électrons qui a une affinité pour tout centre déficient en électron. Ils peuvent être chargé négativement ou neutre.

Ex : $Br^-$, $OH^-$, $H_2O$, $ROH$, $RNH_2$

**Un électrophile E :** Est une espèce déficiente en électron et qui a une affinité pour les centres riches en électrons. L'électrophile peut être chargé positivement ou neutre. Ex : $H^+$, $NO_2^+$, $AlCl_3$, $FeCl_3$, $BF_3$ (acide de Lewis).

$$AlCl_3 + Cl\text{-}Cl \longrightarrow AlCl_4^- + Cl^+$$

Au cours d'une réaction l'énergie est échangée par le système avec le milieu extérieur :

Si l'énergie est cédée par le système on dit que la réaction est exothermique ($\Delta H<0$).

Si l'énergie est absorbée par le système on dit que la réaction est endothermique ($\Delta H>0$).

### I-2/ Modes de rupture des liaisons

On distingue deux types de rupture :

**a/ Rupture hétérolytique ou ionique :** C'est le cas des réactions ioniques

$$A\text{-}B \longrightarrow A^+ + B^-$$

$$\begin{array}{c} H_3C \\ \phantom{H_3C} \diagdown \\ \phantom{H_3C}\phantom{H}CH\text{—}OH + Br^- \\ H_3C \diagup \end{array} \longrightarrow \begin{array}{c} H_3C \\ \phantom{H_3C} \diagdown \\ \phantom{H_3C}\phantom{H}CH\text{—}Br + OH^- \\ H_3C \diagup \end{array}$$

**b/ Rupture homolytique ou radicalaire :** C'est le cas des réactions radicalaires

$$A\text{-}B \longrightarrow A^\cdot + B^\cdot$$

$$Cl\text{-}Cl \longrightarrow 2\,Cl^\cdot$$

**II/ Nature des réactions organiques.** On distingue plusieurs types de réactions.

**II-1/ Réaction de substitution**

Un atome ou groupes d'atomes est remplacé par un autre dans le substrat.

$$C_2H_5 - Cl + OH^- \longrightarrow C_2H_5 - OH + Cl^- \quad \text{(substitution)}$$

$$CH_4 + Cl_2 \xrightarrow{h\nu} CH_3Cl + HCl \quad \text{(substitution radicalaire)}$$

**II-2/ Réaction d'addition**

Le réactif a tendance à s'additionner sur le substrat, ce genre de réactions s'observe souvent avec des substrats insaturés.

$$CH_2 = CH_2 + H_2 \longrightarrow CH_3 - CH_3$$

**II-3/ Réaction d'élimination**

Il y a perte de certains des atomes du substrat, il en résulte la formation d'un produit insaturé.

$$C_2H_5 - OH + H^+ \longrightarrow CH_2 = CH_2 + H_2O + H^+ \quad \text{(régénération d'acide)}$$

**II-4/ Réarrangement :** Céto-énolique

$$CH_2 = CH \atop {| \atop O-H} \quad \rightleftarrows \quad CH_3 - \underset{\underset{O}{\|}}{C} - H$$

     Enol       Cétone

## III/ Solvants de réactions

La plupart des réactions organiques s'effectuent en phase liquide dans un solvant qui joue plusieurs rôles.

**III-1/ Rôle physique des solvants** : Un solvant sert à créer un milieu homogène dans lequel les réactifs et les substrats rentrent facilement en contact. Il permet de contrôler la vitesse de réaction en jouant sur la concentration des réactifs. Il permet aussi de solubiliser les réactifs.

**III-2/ Rôle chimique des solvants** : Le solvant est une substance chimique, il ne doit avoir aucune influence sur les réactions, cependant dans certains cas il joue un rôle actif c'est-à-dire il entre dans la réaction (formation d'espèce ionique intermédiaire)

Exemple :

$$CH_3 - \underset{\underset{CH_3}{|}}{\overset{\overset{CH_3}{|}}{C}} - Cl \;+\; \underset{\substack{\text{solvant polaire} \\ OH^-}}{H_2O} \;\xrightarrow{\text{hexane}}\; CH_3 - \underset{\underset{CH_3}{|}}{\overset{\overset{CH_3}{|}}{C}} - OH \;+\; \underset{Cl^-}{HCl}$$

Le solvant stabilise les espèces ioniques intermédiaires, cette stabilisation est due au phénomène de solvatation.

**III-3/ Les différentes classes de solvants** : On en distingue deux grandes classes :

**a/ Solvant non polaire** : Ce sont en général des molécules symétriques ou ne possédant pas d'atomes électronégatif. Ce sont de mauvais solvatant d'ions.

Ex : Hexane, cyclohexane, tétrachlorure de carbone ($CCl_4$)

**b/ Solvant polaire** : Ce sont des solvants qui possèdent un moment dipolaire assez important, ce sont d'excellent solvatant.

b-1/ Solvant polaire protique : Ces solvants sont susceptibles de libérer un Proton, c'est des molécules dans lesquelles un H est lié à un atome électronégatif. Ex : Les alcools ROH ; l'eau $H_2O$.

b-2/ Solvant polaire aprotique : Ce sont des solvants qui possèdent une liaison fortement polarisée sans hydrogène à caractère acide.

Ex : Acétone $CH_3COCH_3$ ;

Diméthyl sulfoxyde (DMSO) $CH_3SOCH_3$

## Exercices : Réactions chimiques

### Exercice N°1 :

La reaction suivante se fait en deux (02) étapes :

$CH_2=CH-C_2H_5 + HCl \rightarrow$

a) De quell type de reaction s'agit-il ?
b) Donner le mécanisme réactionnel ($1^{ère}$ et $2^{ième}$ étape).
c) Le produit formé subit une réaction de substitution nucleophile en une seule étape par des ions $OH^-$. Donner le mécanisme réactionnel.

### Exercice N°2 :

Soit la reaction :

$H_3C-CHCl-C_2H_5 + KOH \rightarrow$ ? , le solvent utilisé est polaire

a) De quell type de reaction s'agit-il ?
b) Donner le mécanisme réactionnel.

### Exercice N°3 :

Soit la reaction :

(C_6H_5)_2C(CH_3)(CH_3) + NaOH ⇌ ?

a) Donner le produit qui se forme.
b) Si la reaction se fait à température élevée, que se passeera –t-il ? Proposer le mécanisme réactionnel qui aura lieu.

## Exercice N°4 :

Soit la reaction suivante :

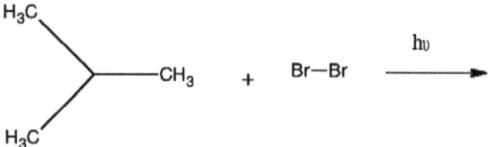

a) De quel type de réaction s'agit-il ?
b) Donner le ou les produits formés, lequel est majoritaire ?

## Exercice N°5 :

On considère les reactions de substitution ci-dessous. Donner les produits obtenus dans chacune des reactions ainsi que le mécanisme.

1)

$$CH_3 - CH_2 - CH_2 - Br \xrightarrow{NaOH}$$

2)

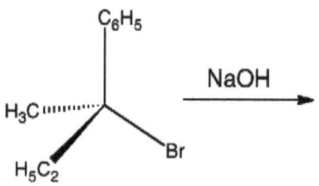

3)

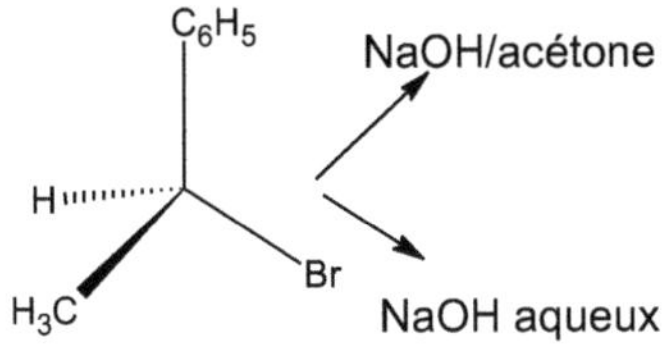

## Exercice N°6 :

Donner les produits majoritaires des reactions d'éliminations suivantes :

1)

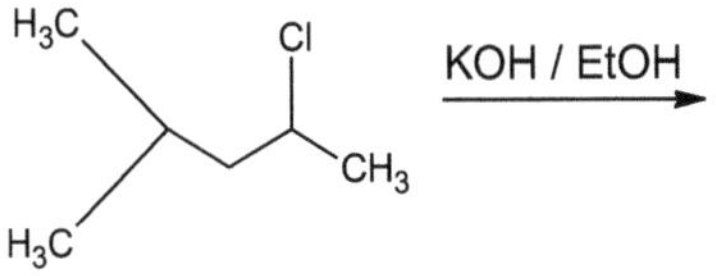

$H_3C-CH(CH_3)-CH_2-CHCl-CH_3$ + KOH / EtOH →

2)

$H_3C-CH_2-CH_2-CCl_2-CH_3$ + base en excés →

3)

$C_6H_5-CH(OH)-CH_3$ + $H_2SO_4$ →

4)

cyclohexane avec OH et CH₃ + $H_2SO_4$ →

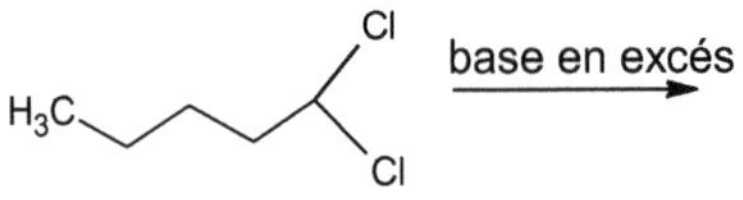

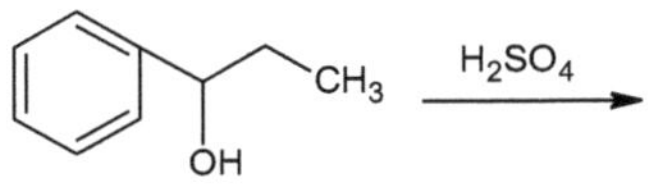

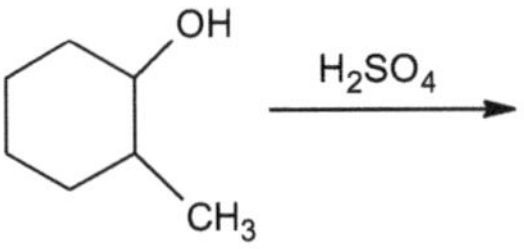

5)

$$H_3C-\underset{\underset{CH_3}{|}}{\overset{\overset{CH_3}{|}}{C}}-OH \xrightarrow[85\%]{H_2SO_4\ 20\%}$$

**Exercice N°7 :**

Soit la reaction de déshydratation du 3-méthylpentan-2-ol en milieu sulfurique à haue temperature.

Ecrire la reaction et donner son mécanisme.

**Exercice N°8 :**

Commenter les résultats suivants:

$$H_3C-\underset{\underset{CH_3}{|}}{\overset{\overset{CH_3}{|}}{C}}-Br \longrightarrow H_3C-\underset{\underset{CH_3}{|}}{\overset{\overset{CH_3}{|}}{C}}-C_2H_5 \quad + \quad \underset{H_3C}{\overset{H_3C}{>}}\!\!\!\!-OEt$$

| | | | |
|---|---|---|---|
| a) | à 25°C dans EtOH | 80% | 20% |
| b) | à 25°C avec EtO⁻ dans EtOH | 10% | 90% |
| c) | à 60°C avec EtO⁻ dans EtOH | 0% | 100% |

**Exercice N°9 :**

a)

$$H_5C_2-\underset{\underset{CH_3}{\blacktriangledown}}{\overset{\overset{CH_3}{|}}{C}}\cdots Br \quad \begin{array}{l} \nearrow \text{NaOEt chauffage} \\ \searrow \text{KOBu chauffage} \end{array}$$

c) Donner les produits obtenus lors de la soumission du réactif 2-bromo-4-méthylpentane à 3 trois réactifs distincts: la soude; l'éthanolate de sodium et le tertiobutanolate de potassium. Nommer chacun des produits obtenus.

**Exercice N°10 :**

Donner les produits obtenus dans les reactions suivantes:

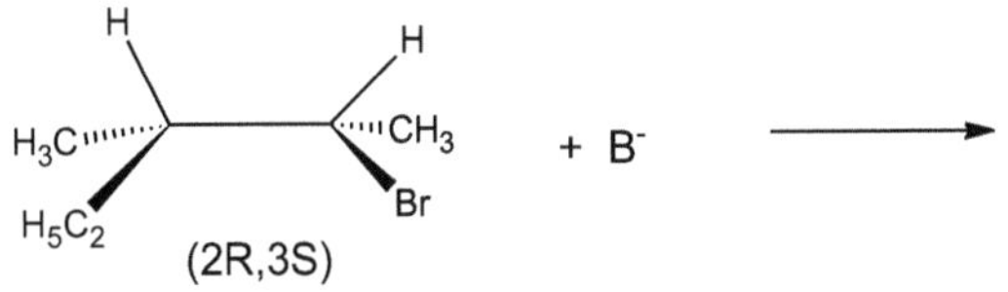

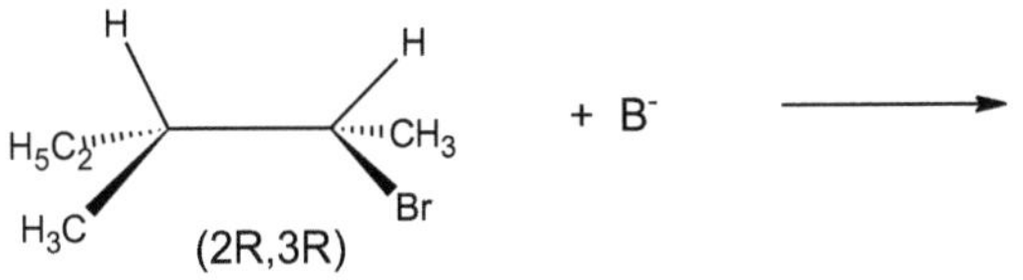

$H_3C$⸱⸱⸱⸱⸱⸱ ⸱⸱⸱⸱$CH_3$
$H_5C_2$ — Br   (2R,3S)   + B⁻ ⟶

$H_5C_2$⸱⸱⸱⸱⸱⸱ ⸱⸱⸱⸱$CH_3$
$H_3C$ — Br   (2R,3R)   + B⁻ ⟶

## Corrigé : réactions chimiques

**Exercice N°1 :**

a) Le substrat étant insaturé → il s'agit d'une réaction d'addition.

b) -1$^{ère}$ étape : fixation d'abord du proton (addition electrophile)

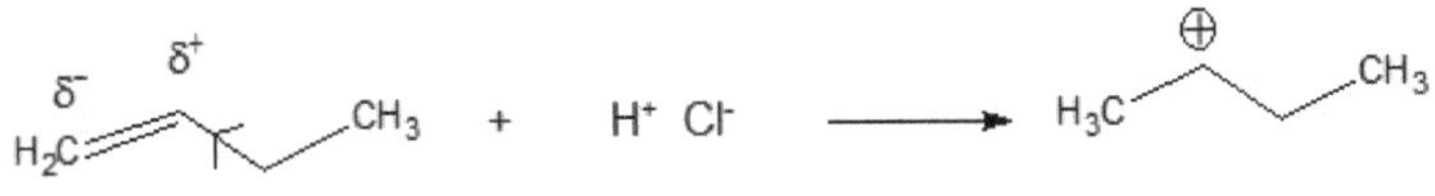

$H_2C^{\delta-}=C^{\delta+}$—$CH_3$ + $H^+$ $Cl^-$ ⟶ $H_3C$—$C^{\oplus}$—$CH_3$

- 2$^{ième}$ étape : attaque du nucleophile

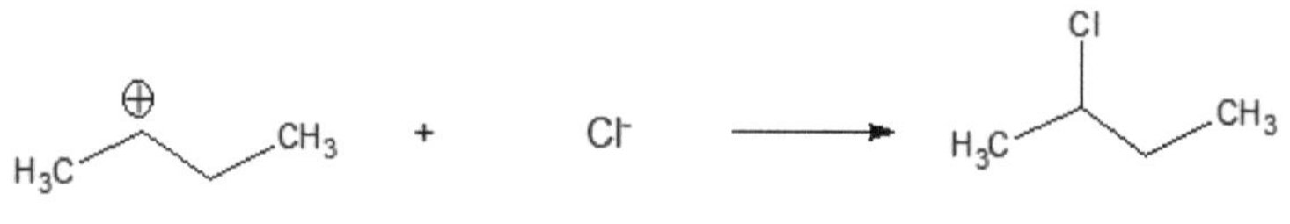

$H_3C\overset{\oplus}{\frown}CH_3$ + Cl⁻ ⟶ $H_3C\overset{Cl}{\frown}CH_3$

c) Réaction de substitution en une seule étape → SN₂

Mécanisme réactionnel :

**substrat**            **produit**

(schéma du mécanisme avec C₂H₅, H, CH₃, Cl comme nucléofuge ; OH⁻ comme nucléophile ; produit avec C₂H₅, H, OH, H₃C)

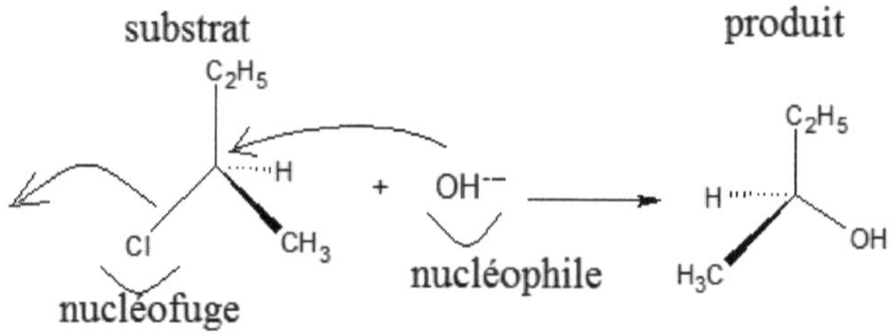

Remarque :

Le produit obtenu présente une inversion de configuration de WADEN en raison d'un carbone asymétrique dans le substrat.

## Exercice N°2 :

Rappel: un substrat tertiaire favorise la SN₁ et un substrat primaire favorise une SN₂.

Dans ce cas, le substrat est secondaire et la réaction se fait avec la présence d'un solvant polaire qui favorise une SN₁.

a) Il s'agit d'une réaction de SN d'ordre 1.
b) Mécanisme réactionnel : 1$^{ère}$ étape

$$\text{H}^{\cdots}\underset{\text{H}_3\text{C}}{\overset{\text{C}_2\text{H}_5}{\diagdown}}\text{Cl} \quad + \quad \text{OH}^- \quad \xrightarrow[\text{lente}]{1^{\text{ère}}\text{ étape}} \quad \left[\underset{\text{H}_3\text{C}}{\overset{\text{C}_2\text{H}_5}{\diagdown}}\overset{\oplus}{\text{C}}\diagup\text{H}\right]$$

La première étape est lente, elle consiste en le depart du nucléofuge avec formation d'un carbocation plan.

$2^{\text{ième}}$ étape : elle est rapide et consiste en l'attaque bifrontale (par les deux fronts) du nucleophile Nu⁻ sur le carbocation.

$$\text{HO}^- \quad \left[\underset{\text{H}_3\text{C}}{\overset{\text{C}_2\text{H}_5}{\diagdown}}\overset{\oplus}{\text{C}}\diagup\text{H}\right] \text{OH}^- \quad \xrightarrow[\text{rapide}]{2^{\text{ième}}\text{ étape}} \quad \underset{\text{H}_3\text{C}}{\overset{\text{C}_2\text{H}_5}{\diagdown}}\text{C}^{\text{H}^{\cdots}}_{\text{OH}} \quad 50\% \quad + \quad \underset{\text{HO}}{\overset{\text{C}_2\text{H}_5}{\diagdown}}\text{C}^{\cdots\text{H}}_{\text{CH}_3} \quad 50\%$$

mélange racémique (50%l+50%d)

Carbone asymétrique C* → racémisation

**Exercice N°3 :**

a)    Substrat tertiaire → SN1 deux étapes

[Schéma: substrat triphénylique avec C₂H₅ et Br → 1ère étape lente → carbocation avec OH⁻ → 2ième étape rapide → produit avec OH et C₂H₅]

Remarque : pas de C* dans le substrat → pas de racémisation.

b) Si la réaction se fait à température élevée et il existe un hydrogène H en Alpha (α) du carbone C portant le nucléofuge → la réaction d'élimination prime sur la réaction de substitution nucléophile SN.

## Exercice N°4 ;

a) Il s'agit d'une reaction de substitution radiacalaire (photon hυ)
b) $Br_2 \rightarrow 2\ Br.$

Un radical tertiaire est plus stable qu'un radical secondaire qu'un primaire donc le radical tertiaire donnera un produit majoritaire , lke radical primaire donner unproduit minoritaire.

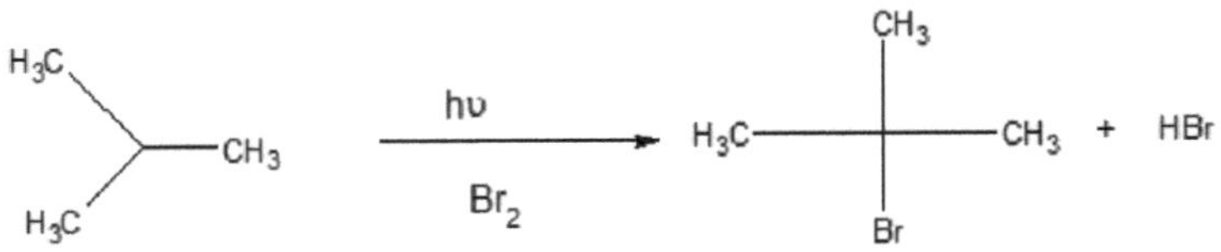

$$H_3C-\underset{H_3C}{\underset{|}{\overset{H_3C}{\overset{|}{C}}}}-CH_3 \xrightarrow[Br_2]{h\nu} H_3C-\underset{Br}{\underset{|}{\overset{CH_3}{\overset{|}{C}}}}-CH_3 + HBr$$

**Exercice N°5 :**

Les produits obtenus et le mécanisme.

1)

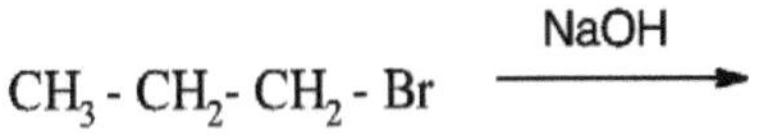

$$CH_3-CH_2-CH_2-Br \xrightarrow{NaOH}$$

Le substrat est primaire I$^{aire}$ → SN$_2$

NaOH : Nucléophile ($^-$OH)

Br : nucléofuge (groupe partant)

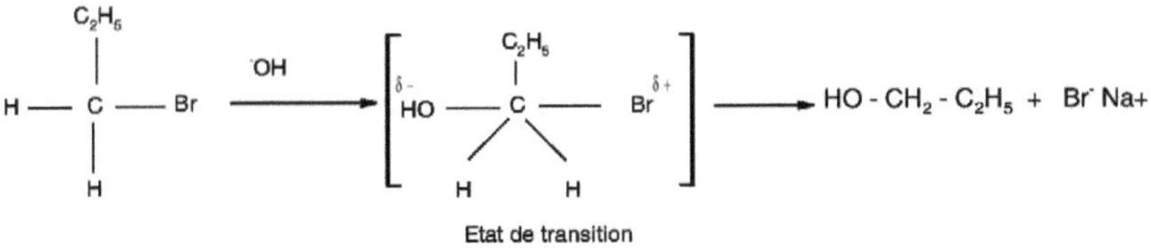

$$H-\underset{H}{\underset{|}{\overset{C_2H_5}{\overset{|}{C}}}}-Br \xrightarrow{^-OH} \left[ HO^{\delta-}\cdots\underset{H\;\;\;H}{\overset{C_2H_5}{\overset{|}{C}}}\cdots Br^{\delta+} \right] \longrightarrow HO-CH_2-C_2H_5 + Br^-Na^+$$

Etat de transition

2)

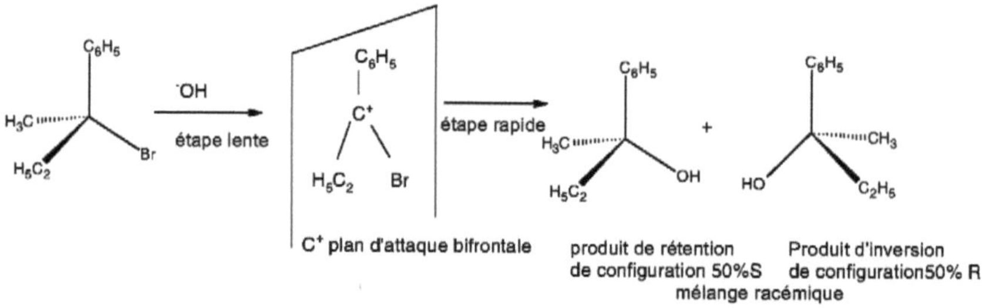

[Scheme: R-Br → (étape lente, −OH) → C⁺ plan d'attaque bifrontale (H₅C₂, C₆H₅, Br on planar carbocation) → étape rapide → produit de rétention de configuration 50%S + Produit d'inversion de configuration 50% R (mélange racémique)]

Ordre de priorité des groupements : Br > C₆H₅ > C₂H₅ > CH₃

3)

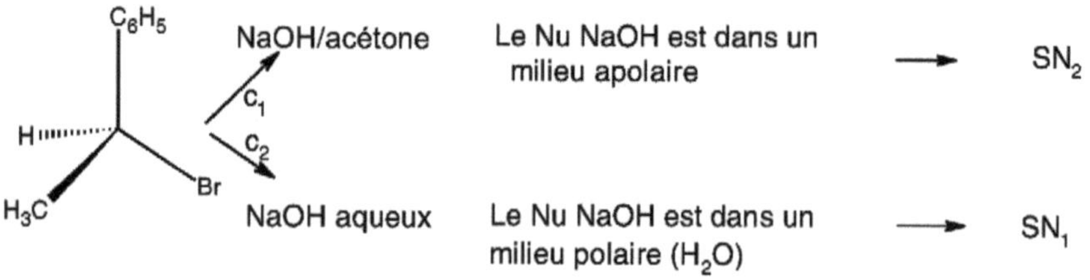

[Substrate with C₆H₅, H, H₃C, Br]

- NaOH/acétone (C₁) : Le Nu NaOH est dans un milieu apolaire ⟶ SN₂
- NaOH aqueux (C₂) : Le Nu NaOH est dans un milieu polaire (H₂O) ⟶ SN₁

C₁ )

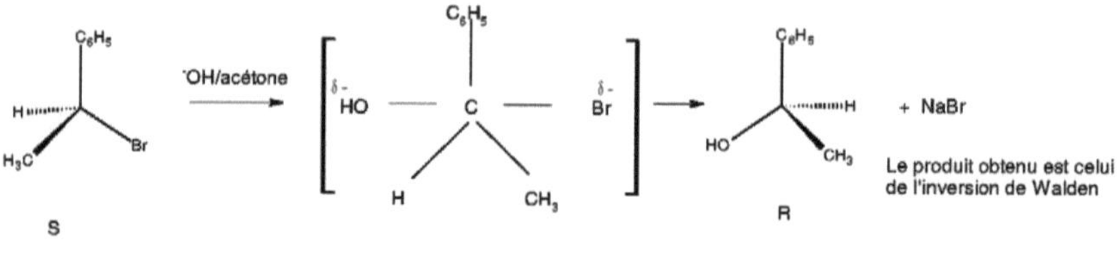

[Mécanisme SN₂ : substrat S + ⁻OH/acétone → état de transition [HO⋯C⋯Br]^δ⁻ → produit R + NaBr]

Le produit obtenu est celui de l'inversion de Walden

C₂ )

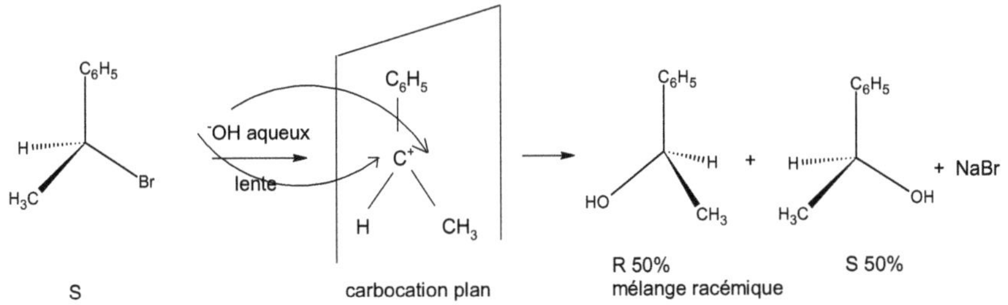

C6H5
H
H3C
Br
-OH aqueux
lente
C6H5
C+
H
CH3
C6H5
H
HO
CH3
+
C6H5
H
H3C
OH
+ NaBr
S
carbocation plan
R 50%
mélange racémique
S 50%


**Exercice N° 6** :

Les produits majoritaires des reactions d'éliminations :

1)

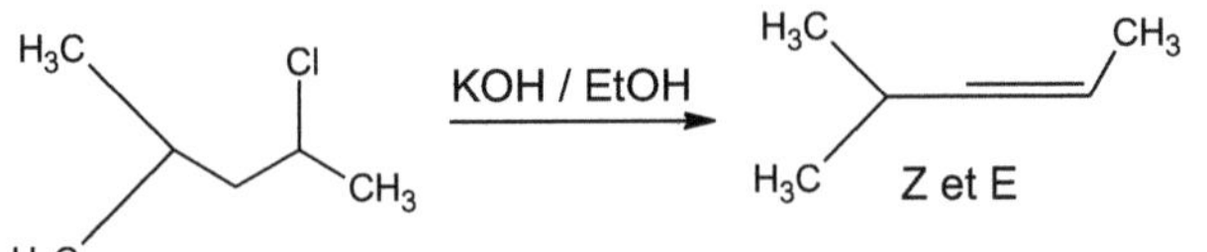

H3C
Cl
CH3
H3C
KOH / EtOH
H3C
CH3
H3C
Z et E


le plus substitué selon Zaïtsav

déshydrohalogénation

2)

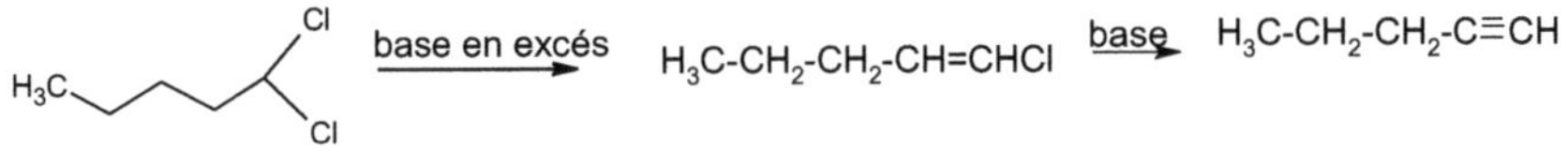

Cl
H3C
Cl
base en excés
H3C-CH2-CH2-CH=CHCl
base
H3C-CH2-CH2-C≡CH


double déshydrohalogénation

3)

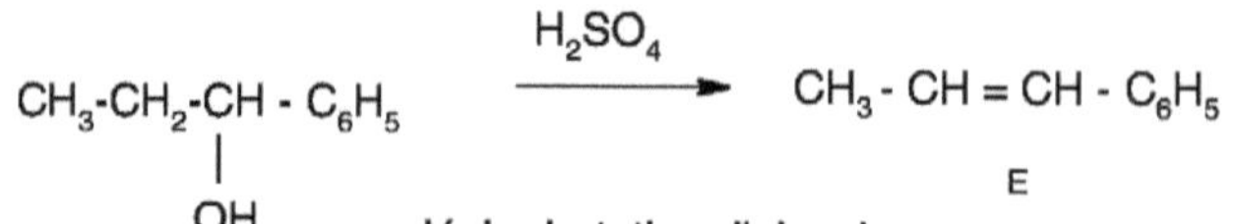

$$CH_3\text{-}CH_2\text{-}CH(OH)\text{-}C_6H_5 \xrightarrow{H_2SO_4} CH_3\text{-}CH=CH\text{-}C_6H_5 \quad (E)$$

déshydratation d'alcool

4)

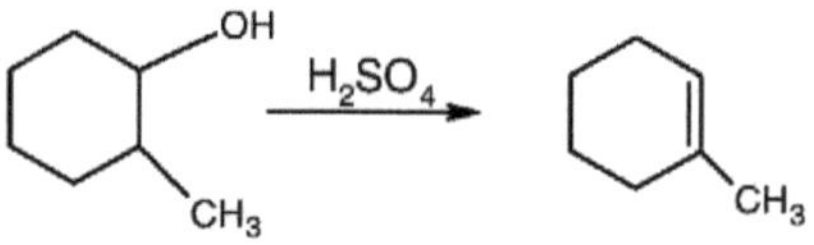

2-methylcyclohexan-1-ol $\xrightarrow{H_2SO_4}$ 1-methylcyclohexene

déshydratation d'alcool

5)

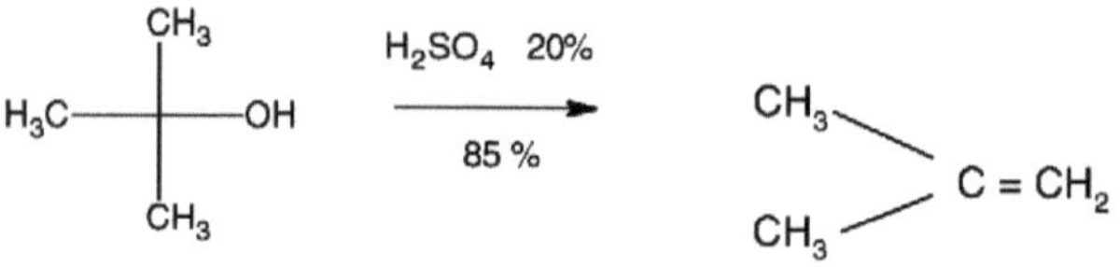

$$\underset{CH_3}{\overset{CH_3}{H_3C-\underset{|}{\overset{|}{C}}-OH}} \xrightarrow[85\%]{H_2SO_4\ 20\%} \underset{CH_3}{\overset{CH_3}{\diagdown}}C=CH_2$$

déshydratation d'alcool

## Exercice N°7 :

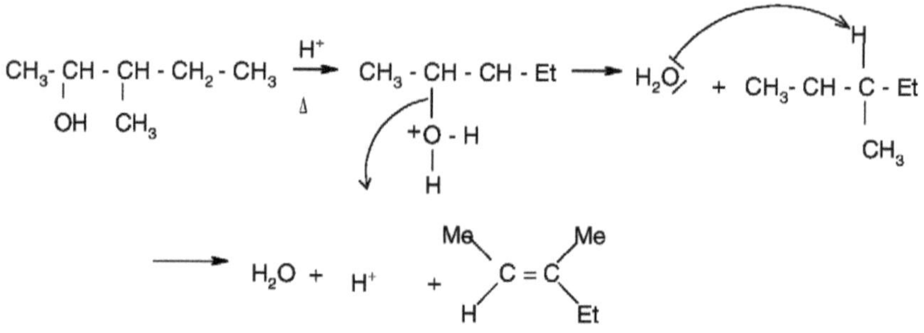

$$CH_3\text{-}\underset{OH}{\overset{}{CH}}\text{-}\underset{CH_3}{\overset{}{CH}}\text{-}CH_2\text{-}CH_3 \xrightarrow[\Delta]{H^+} CH_3\text{-}CH\text{-}CH\text{-}Et \longrightarrow H_2O + CH_3\text{-}CH\text{-}\underset{CH_3}{\overset{H}{\overset{|}{C}}}\text{-}Et$$

avec $+\overset{+}{O}\text{-}H$ intermédiaire

$$\longrightarrow H_2O + H^+ + \underset{H}{\overset{Me}{\diagdown}}C=C\underset{Et}{\overset{Me}{\diagup}}$$

Déshyfratation d'alcool

## Exercice N°8 :

a) Il y'a une compétition entre la SN et l'E

$C_2H_5OH$ est un Nu, il favorise à 25 °C la SN d'où les 80 %

b) A 25 °C l'ion éthanoate en solution alcool favorise la réaction d'élimination par rapport à la SN dans ce cas $C_2H_5O^-$/EtOH a plus le rôle de base que Nu d'où 90% de produit d'élimination.

c) L'ion EtO⁻/EtOH favorise l'élimination et à 60°C on a exclusivement 100% d'élimination.

## Exercice N° 9 :

1)

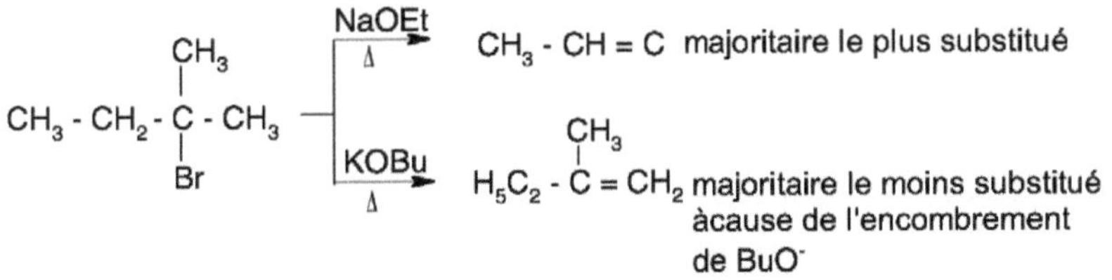

$$CH_3-CH_2-\underset{\underset{Br}{|}}{\overset{\overset{CH_3}{|}}{C}}-CH_3 \quad \begin{array}{c} \xrightarrow[\Delta]{NaOEt} \\ \\ \xrightarrow[\Delta]{KOBu} \end{array}$$

$CH_3 - CH = C$  majoritaire le plus substitué

$H_5C_2 - \underset{|}{\overset{\overset{CH_3}{|}}{C}} = CH_2$ majoritaire le moins substitué à cause de l'encombrement de BuO⁻

2)

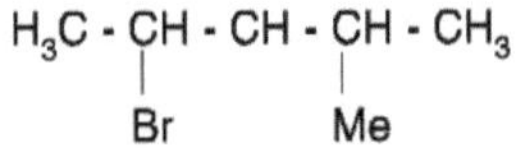

$H_3C - \underset{Br}{\underset{|}{CH}} - CH - \underset{Me}{\underset{|}{CH}} - CH_3$

$H_3\overset{1}{C}\underset{Br}{\overset{\phantom{|}}{\underset{|}{C}}}_{2}\overset{3}{C}H_2\underset{CH_3}{\overset{\phantom{|}}{\underset{|}{C}}}_{4}\overset{5}{C}H_3$

NaOH ⟶ produit de SN : 4-méthyl pentan-2-ol (H$_3$C-CH(OH)-CH$_2$-CH(CH$_3$)-CH$_3$)

NaOEt base ⟶ produit d'élimination le plus substitué : 4-méthyl pent-2-ène

KOBu base encombrée ⟶ produit d'élimination le moins substitué : 4-méthyl pent-1-ène

## Exercice N° 10 :

(2R,3S) isomère : H$_3$C, H$_5$C$_2$, H, CH$_3$, Br + B$^-$ ⟶ Z-alcène (Me/Et C=C Me/H) + Br$^-$ + BH

(2R,3R) isomère : H$_5$C$_2$, H$_3$C, H, CH$_3$, Br + B$^-$ ⟶ E-alcène (Et/Me C=C Me/H) + BH + Br$^-$

## Références bibliographiques

1) G. Montel, A. Lattes., Introduction à la chimie structurale. Office des Publications Universitaires OPU. 1968.

2) P. Chaquin ;, Cours de Chimie Générale. Ellipses. 1996.

3) A. Fournir., M. Servant., M. Tournir. Chimie. Montreal, 1971, CANADA

# I want morebooks!

Buy your books fast and straightforward online - at one of the world's fastest growing online book stores! Environmentally sound due to Print-on-Demand technologies.

Buy your books online at

## www.get-morebooks.com

Achetez vos livres en ligne, vite et bien, sur l'une des librairies en ligne les plus performantes au monde!
En protégeant nos ressources et notre environnement grâce à l'impression à la demande.

La librairie en ligne pour acheter plus vite
## www.morebooks.fr

OmniScriptum Marketing DEU GmbH
Heinrich-Böcking-Str. 6-8
D - 66121 Saarbrücken
Telefax: +49 681 93 81 567-9

info@omniscriptum.com
www.omniscriptum.com

Printed by Books on Demand GmbH, Norderstedt / Germany